-37-

A K A L · H I P E C U

P O S I T I V I S M O

Y

D A R W I N I S M O

Director de la colección: Félix Duque
Diseño de cubierta: Sergio Ramírez

Sector Foresta, 1
28760 - Tres Cantos
Madrid - España
Tel.: 918 061 996
Fax: 918 044 028
www.akal.com
ISBN-10: 84-460-2024-6
ISBN-13: 978-84-460-2024-0
Depósito legal: M-4.240-2005
Impreso en Lavel, S.A.
Humanes (Madrid)

Julián Pacho

Positivismo y darwinismo

-akal-
EDICIONES

Introducción

Es frecuente encontrar en la historiografía filosófica del siglo XX una mirada decepcionada sobre el siglo que le precede. Lo contempla como si, tras la fulguración en el idealismo alemán, el espíritu se hubiera agostado. Es un juicio de valor cuyos criterios acaso sean más aptos para apreciar modulaciones o variaciones sobre viejos temas que innovaciones radicales.

Si Occidente alguna vez tuvo confianza casi ilimitada en sí mismo y estuvo colmado de esperanza confiando también, ingenuamente, en la historia futura, eso fue sin duda en el siglo XIX. Hacia finales de siglo se instala, por razones externas a la historia del conocimiento, un cierto pesimismo cultural. Pero esta actitud, que prenuncia ya el paso a otra época, no era característica del siglo. La idea de que el progreso es un atributo esencial del curso irreversible del tiempo constituía parte de una generalizada filosofía de la historia, adquiriera o no ésta forma expresa de sistema filosófico. A esta filosofía pertenecía también el convencimiento de que la naturaleza humana era el destinatario último de los frutos de aquel progreso (Bury 1971, Nisbet 1996). El presente ya estaba disfrutando de ellos tras haber superado los atavismos de períodos necesariamente menos afortunados por ser anteriores. No se es simplemente optimista. Se asume, con cierto *pathos* aún romántico, que «la terca Tierra se ha propuesto una edad nueva» (Walt Whitman).

Los signos parecen inconfundibles: incremento e innovación, que se juzgan espectaculares, de los bienes disponibles mediante la producción industrial; aparición de nuevos medios de transporte y comunicación; proliferación de las grandes ciudades y transformación de la vida urbana; control de la enfermedades infecciosas y ascenso demográfico sin precedentes. Éstos son parte de los frutos de una revolución industrial y tecnológica que está transformando los modos de vida y los límites ancestrales, físicos, de las relaciones humanas. Al mismo tiempo, la expansión colonial de Europa en África, junto con la consolidación de la democracia y del progreso material en los Estados Unidos, convence aún más a Occidente de un prejuicio, tal vez inherente a todas las grandes culturas, que desde sus orígenes había tenido por verdadero, a saber, que culturización europeizante y civilización son la misma cosa. Se daba por hecho que con la propagación de la cultura europea se extenderían también los fines que se asociaban a la idea normativa de «humanidad» gestada en la Ilustración: el bienestar individual y social, la justicia y la libertad; en fin, todo lo que sugería la noción ilustrada de «progreso».

Para todos y cada uno de esos signos es posible encontrar responsables directos en el conocimiento científico. Con lo cual se refuerza la idea de que el conocimiento humano, si no puede prefabricar el futuro de la historia, sí puede intervenir, con medios cada vez más eficaces, sobre estratos cada vez más profundos de la naturaleza exterior y de la naturaleza humana; y en ésta tanto sobre aspectos físicos como psíquicos, culturales y sociopolíticos. La vieja ecuación protoilustrada entre saber y poder promulgada por Francis Bacon (1561-1626) (*wisdom is power*) deja de ser en el siglo XIX un lema programático para convertirse en un hecho determinante de las condiciones reales de la existencia humana, individual y colectiva.

Sería sorprendente que en un entorno cultural así no germinaran ideas e ideologías que sancionaran el *status quo*. Pero sería igualmente extraño que el mundo intelectual se limitara a aportar la apología entusiasta del supuesto progreso adquirido sin aducir criterios normativos respecto de sus fines y sin analizar los medios más adecuados para conseguirlos.

El *positivismo* fue una de las corrientes intelectuales más interesadas en esta tarea y la más extendida hacia mediados de siglo en los círculos más innovadores. Además, si cabe atribuir alguna responsabilidad al conocimiento científico no sólo sobre el estado real de la cultura entera, es decir, no sólo sobre el progreso tecnológico y el dominio de la naturaleza, sino también sobre las ideas que dan forma a nuestra imagen general del mundo, no debería tampoco sorprender encontrar en esta época teorías científicas que exhibieran algo más que una cierta coherencia o afinidad osmótica, más o menos pasiva, con el entorno intelectual. Estas teorías también deberían ser responsables activos del nuevo clima intelectual. Una de las ramas de la ciencia, no la única ciertamente, más activa en esto, y con mucho la de mayor impacto cultural, es sin duda la biología.

En el siglo XIX tiene lugar la más sustancial innovación sobre la naturaleza orgánica, incluida la humana, habida desde la biología aristotélica, 2.300 años antes. Puede considerase casi inevitable que fuera en el terreno de la evolución en el que se diera ahora esta innovación. Las nociones de cambio y desarrollo, casi siempre ligadas a las de progreso y racionalidad, no sólo estaban en el aire. Habían sido profusamente parafraseadas por el romanticismo y, sobre todo, por la filosofía de la historia y de la naturaleza del idealismo alemán, llegando aquí a constituir el núcleo del sistema filosófico omniabarcante, el hegeliano, en el que esta corriente culmina, y se agota. También estaban siendo reforzadas por una creciente conciencia histórica que se aplicaba con éxito no sólo a la valoración de hechos, ideas e instituciones humanas, sino también a objetos de ciencias tradicionalmente estáticas, como la lingüística o la geología. Cambio, desarrollo, evolución se convierten en nociones imprescindibles para pensar el mundo. Sin duda, el entorno cultural era favorable a la inclusión de ideas evolutivas también en biología.

Pero todo eso no basta para asumir que el evolucionismo fuera ya una idea madura, culturalmente probable, si los hechos evolutivos habían de ser explicados por causas naturales. La innovación fue aquí de hecho una revolución; de tal violencia conceptual que su onda expansiva, que al instante alcanzó zonas tradicionalmente alejadas del ámbito de influencia de una ciencia tan humilde como la biología, aún hoy no da señal de debilitarse. Su formulación biológica concreta (también algunas adherencias conceptuales sobrevenidas y no siempre lógicamente necesarias) ha quedado unida al nombre de Charles Darwin (1809-1882).

El *darwinismo* había de transformar tan sustancialmente el futuro de la biología como perturbaba el clima intelectual. En éste introducía un fuerte correctivo en las capas más profundas de las ideas recibidas sobre la identidad y la autonomía de la condición humana frente a la naturaleza. Esto concernía además a la relación entre naturaleza y cultura teorizada desde los griegos. También aportaba desengañado y desconcertante contrapeso a las nociones heredadas de naturaleza e historia, fueran éstas humanas, y por tanto culturales, o naturales, hasta entonces siempre soportadas por un bajo continuo de racionalidad, inmanente o trascendente. El desconcierto se veía fortalecido y amplificado por quedar la evolución humana incluida dentro de la natural, difuminando los tan naturalmente claros contornos identitarios de la naturaleza y la cultura. Pese a ello, su herencia cultural es hoy uno de los pilares de la imagen científica del mundo (Randall Jr. 1976, pp. 459 ss.), lo que no asegura que forme también parte de las ideas socioculturalmente integradas.

Positivismo y darwinismo están unidos por una cierta complicidad, a veces explícita, tanto respecto de la actitud proclive a enriquecer el patrimonio cultural con ideas nuevas como de algunos criterios programáticos sobre el modo de conseguirlas. Ambos son, en cualquier caso, agentes destacados, aunque desiguales en muchos aspectos, de un vital y fructífero enrarecimiento del clima intelectual característico del siglo XIX. Si las crisis que atañen a los fundamentos conceptuales pueden ser consideradas indicios de la vitalidad y creatividad de la cultura afectada, este siglo no defraudará a quienes prefieran el desasosiego ocasionado por las nuevas ideas que surgieron de esa vitalidad creativa a la estabilidad que concede la permanencia de las viejas.

I
El espíritu positivo

«*Positivo*»: *tres significados*

Derivado del calificativo «positivo», el término «positivismo» va ligado hoy a nociones que tienen que ver con cierta actitud metodológica y con el tipo de problemas que esa actitud admite. La propia noción de *positivismo* ha venido a representar una denominación genérica de ciertas versiones radicales del *empirismo*. Esto es debido a que una de las corrientes más influyentes de la filosofía del siglo XX fue el *neopositivismo*, también denominado *empirismo lógico*, expresión ésta que subraya tanto el rigor lógico que debe reforzar al empirismo de fondo como el circunspecto interés por las cuestiones formales (estructura y significado) de las teorías.

El positivismo del siglo XIX, al que salvo excepción expresa me referiré en lo que sigue, es sin embargo mucho más que una teoría de la ciencia que sienta las bases del neopositivismo (Przybylski 1971, López 1988). Es también mucho más que una teoría de la ciencia con incrustaciones mesiánicas de escaso valor sobre cuestiones relacionadas con la sociología o con la filosofía de la historia. Es una actitud general ante la vida, dominada tanto por inquietudes intelectuales, filosóficas, científicas y religiosas, como sociopolíticas (Negro 1985), y con complicidades más o menos explícitas, pero claras, en el terreno de las ideas pedagógicas y estéticas.

Introdujo el nombre su más destacado representante francés, Auguste Comte (1798-1857), en sus inicios seguidor del socialismo utópico del conde de

Saint-Simon, Claude Henri de Rouvroy (1760-1825). En su *Discours sur l'esprit positif* (1844) atribuye al término *positivismo* un significado, no exento de cierta carga propagandística, que había de caracterizar nuevos valores tanto respecto de la naturaleza de la ciencia como de su función sociocultural. Pero designa también con él aspectos genéricos de una actitud frente al trabajo intelectual que o estaba siendo o había de ser dominante en Europa hacia mediados de siglo (Kolakowski 1979), especialmente en círculos intelectuales franceses, ingleses y alemanes.

«Positivo» es para Comte en primer lugar un requisito metodológico que propugna partir de lo dado, de los «hechos positivos», para evitar las especulaciones arbitrarias e inútiles en las que se entretiene la metafísica. Ya desde este primer sentido, positivo equivale a útil, pues sería útil en varios aspectos la actitud cognitiva que se atiene a los hechos. Ésta sería también característica esencial de la ciencia moderna, hasta el punto de que el espíritu positivo o útil por excelencia al conocimiento es el espíritu científico. Su facticidad alberga el fundamento de su utilidad, que se objetiva primero en rasgos epistémicamente positivos tales como la precisión y exactitud conceptuales, el control subsecuente de la arbitrariedad representacional, siempre latente en el espíritu humano, y la supresión de falsos problemas generados en la supuesta cara oculta de los fenómenos. Todo ello se consigue limitando el análisis científico a los objetos de la experiencia, esto es, a los hechos positivos. Tras esta restricción no es posible conocer la esencia de las cosas (sean naturales o humanas) y sus (supuestas) causas últimas, pero sí con seguridad y precisión algunas regularidades o leyes de lo que ocurre en el mundo. Es decir, conocemos menos, pero mejor. Y de aquí derivan otros aspectos positivos del conocimiento basado en hechos que trascienden los valores meramente epistémicos. Pues conocer la esencia de las cosas, dice el positivista, no es útil para dominar la naturaleza; pero sí lo es conocer las leyes que regulan su comportamiento. Lo es porque este conocimiento permite el control humano de la naturaleza y de la sociedad, es decir, su humanización. La humanización sería un correlato necesario del programa cultural al que debería dar cuerpo el espíritu positivo. Por lo que atañe a la propia naturaleza humana, ese correlato se manifestaría en la liberación de atavismos y le permitiría progresar en los modos de conocer así como, conociendo sus leyes, intervenir sobre las instancias del conocimiento en beneficio del individuo y de la sociedad con más éxito que el garantizado sólo por la buena voluntad. También en este sentido, y no es el último en importancia, el conocimiento basado en hechos es positivo.

En resumen, es positiva la actitud cognitiva que se atiene a los hechos porque a) evita fingir o falsear la realidad mediante especulaciones arbitrarias, b) da lugar a un conocimiento del mundo más seguro, aunque limitado, y c) es social, humanamente útil.

El espíritu de una época

Estas declaraciones de principio dejan ya traslucir la afinidad entre el espíritu positivo e ideas características de la Ilustración. Francis Bacon y René Descartes son los autores más citados por los positivistas, como símbolos del inicio de la actitud crítica del espíritu científico moderno. En muchas páginas del positivismo alienta también la idea ilustrada de «progreso» tal como Condorcet (1743-1794) había esbozado (*Esquisse d'un tableau historique des progrès de l'esprit humain*, 1795) la historia triunfal de la razón humana sobre la superstición, la injusticia y las adversidades de la naturaleza. El progreso sería, como en la Ilustración, la consecuencia necesaria de la lucha del conocimiento contra la ignorancia. De ahí que el positivismo del siglo XIX haya sido apostillado como «la nueva ilustración» (Baumer 1985, pp. 289 ss.).

Dada la condición paradigmática del conocimiento científico para el positivista, los intereses teóricos y prácticos neoilustrados del positivismo gravitan siempre en torno a la naturaleza de la ciencia y a su función histórico-social. Y, si bien se diferencia de la Ilustración en lo que concierne a la naturaleza de la ciencia más que en lo relativo a su función histórica y social, en ambas cosas el «espíritu positivo» se considera (y es de hecho de forma culturalmente significativa) representante del espíritu de una época. Una época en la que los ilustrados del siglo precedente hubieran visto realizados algunos de sus sueños.

Es un lugar común, justificado, que el positivismo, aunque no en todas sus versiones, alberga una confianza ingenua y casi ilimitada en la misión histórica de la ciencia. Pero esta confianza es también la que alimenta el entusiasmo de la sociedad decimonónica sobre el progreso (Bury 1971). El positivismo es en este sentido la actitud intelectual del siglo XIX (Blühdorn y Ritter 1971), la conciencia de una cultura que, sin poder sospechar siquiera lo que en este campo depararía el futuro próximo, asiste entusiasmada a lo que considera el advenimiento de la época científica.

Ésta es la época en la que la química y la física (Dalton, Avogadro, Faraday, Meyer, Mendeléiev) descubren en la materia amorfa un universo ordenado de moléculas y átomos, cuyas leyes permiten la clasificación de los elementos. Se obtiene así una nueva y deslumbrante concepción de la materia. Pero también surge de ahí un enorme potencial sinergético para otras ciencias, como la geología, la mineralogía o la biología, a la vez que se abre un sinfín de posibilidades técnicas en prácticamente todos los ámbitos de la tecnología industrial, desde la de los gases a la de los metales. Relacionadas con la teoría del átomo, la electrostática y la electrodinámica progresan hacia una teoría de la luz y de los campos magnéticos (Faraday, Young, Maxwell, Hertz) que pone a disposición del conocimiento aspectos de la realidad tan inaccesibles a la experiencia corriente como útiles para innovaciones tecnológicas de la envergadura de la luz eléctrica o la telegrafía sin hilos, el teléfono y, posteriormente, la radio o el radar. Es la época de la bacteriología e inmunología (Pasteur) y su eficaz aplicación médica. Es la época en la que la geometría de Euclides, una de las «verdades eternas» más profundas y profusamente sancionadas por la filosofía y la ciencia de Occidente, acabará por compartir modestamente lugar con nuevas geometrías, no euclídeas (Bolyai, Lobachevski, Riemann), que podrían ser tenidas por meras convenciones teóricas, pero que terminarán sacudiendo los cimientos del modelo mecanicista de la física clásica, newtoniana, así como nociones básicas de su correspondiente imagen del mundo. Es la época en la que adquieren un rango científico la cristalografía y la embriología; la época en la que se consigue la clasificación sistemática de la fauna y la flora existentes (Ray, Linneo, Klein, Bonnet). La época en la que nacen o se consolidan ciencias como la geología histórica (Lyell, con quien Darwin mantendría una estrecha amistad y cuyos *Principles of Geology* (1830-1833) le acompañarán a bordo del *Beagle*), la anatomía comparada y la paleontología (Hutton, Buffon y Cuvier), la biología celular (Virchow) y la genética (Mendel); la época en la que se consolida definitivamente la biología evolutiva (Wallace, Darwin), que tan radicalmente habría de cambiar la imagen del mundo y del hombre. Es la época del extraordinario desarrollo de las ciencias históricas y de los éxitos espectaculares de la crítica inductiva de las fuentes aplicada por Leopold von Ranke y su escuela histórica. Es también la época de la aparición de ciencias humanas como la gramática comparada y la gramática histórica (Bopp, Rask, Bedsdorff, Grimm), la psicología científica (psicofísica y experimental: Helmholtz, Weber, Fechner, Galton y Wundt), la psiquiatría (Charcot, Ribot); la época en la que se sientan las bases de la sociología científica (Saint-Simon, Comte), que consagrará después Durkheim. Y es la época de los símbolos del progreso tecnológico como los ferrocarriles o el Canal de Suez.

Esta lista es incompleta. Evoca algunos de los hitos de un complejo simbiótico de conocimientos teóricos y prácticos que modifica la vida social y la conciencia cultural. Ésta se refleja por ejemplo en la aparición de los diccionarios tecnológicos e industriales y de las grandes enciclopedias, que llenan páginas y páginas con tablas numéricas sobre datos industriales y compiten con bellas y detalladas ilustraciones sobre los nuevos iconos: todo tipo de objetos técnicos. Pero también se manifiesta en las ideas estéticas del siglo, en corrientes que como el naturalismo se dicen interesadas, según los lugares comunes de su ideario, en la realidad «tal como nos aparece» o nos es «dada» en la experiencia, y no en idealizarla o en representar su esencia atemporal. Gustave Courbet, cuya obra pictórica es considerada por Pierre-Joseph Proudhon (1809-1865) un fiel reflejo de la «filosofía positiva de Auguste Comte» (*Du principe de l'art et sa destination sociale*, 1865), excluye del objeto de la pintura las abstracciones idealizantes y lo restringe a lo «concreto» y lo «realmente existente».

En literatura se exige «del artista que ponga ante los ojos un trozo de naturaleza tal como él la ve». Es Émile Zola quien lo exige, el mismo que en su programático *Le roman expérimental* (1880), que no es un alegato a favor de la literatura «experimental» en el sentido que las vanguardias posteriores darán a este término, sostiene que la tarea de los novelistas continúa, mediante sus «observaciones y experimentos» propios, la obra de los fisiólogos, los físicos y los químicos; el mismo que ya en 1853 había publicado una vasta *Physiologie du mariage*. Y novelistas ingleses como A. Troppelle envidian el «lenguaje de la fotografía» porque asegura un «rigor infalible» en aras de una «descripción exacta» de los hechos del mundo.

La filosofía especulativa a la defensiva

En las manifestaciones de la nueva conciencia cultural se hallan siempre presentes, como causas o como consecuencias, los éxitos de la ciencia, su aceptación entusiasta y la paralela desconfianza hacia las grandes especulaciones metafísicas; como si la gran floración del espíritu especulativo del idealismo alemán hubiera saturado las conciencias o agostado el espíritu filosófico.

> Se estaba harto de las inferencias abstractas. [...] Mientras las ciencias positivas analizan la realidad [...] y se dan cuenta críticamente de la situación [...] respecto a la realidad y a la conciencia, la metafísica pierde su puesto como fundamento de la explicación de la realidad en las ciencias particulares, y solo le queda como tarea posible refundir los resultados de las ciencias positivas en una concepción general del mundo. El grado de verosimilitud que es accesible a este intento solo puede ser modesto. (W. Dilthey 1966 [1883], pp. 516-517)

Tan modesto que los positivistas dirán que esa refundición debe ser rechazada si es algo más que la síntesis o unificación de las ciencias positivas, incluyendo en ellas también las humanas. Si la filosofía no ha perdido en todos los círculos intelectuales su aura de prestigio, tiene que compartirlo con unas ciencias particulares que no se consideran sin más subordinadas a la filosofía, por lo que ésta se ve obligada a asistir, no sin cierta perplejidad, a su emancipación institucional.

La emancipación institucional de las ciencias había sido en parte incoada ya en el siglo XVIII con la creación de las academias reales de las ciencias y la fundación de *l'École polytechnique* en Francia (1794), pero se acentúa ahora, sobre todo en Alemania, con la aparición de los institutos independientes de la filosofía dentro de las universidades. Y ya no se trata sólo de una contienda institucional. En 1862, ante los profesores de la Universidad de Heidelberg, el prestigioso fisiólogo Hermann Ludwing Ferdinand von Helmholtz (1821-1894), de quien Wilhem Wundt fue el asistente más prestigioso, da por consumado el «cisma» entre filosofía y ciencia y analiza así sus causas:

> Últimamente se ha reprochado a las ciencias de la naturaleza haber seguido un camino propio [...] Los filósofos acusaron de estrechez a los hombres de ciencias; éstos contestaron que los filósofos estaban locos. Y así llegó a ocurrir que los hombres de ciencia empezaron a pedir la expulsión de todas las influencias filosóficas de su trabajo, en tanto que algunos de ellos, incluso hombres de gran agudeza, llegaron hasta condenar radicalmente la filosofía, no sólo como inútil, sino como ensueño peligroso. (Cit. según Baumer 1995, p. 291)

La filosofía se halla a la defensiva, al menos si por filosofía se entiende una instancia metodológicamente superior, capaz de explicar mejor el mundo con medios propios o de explicar aspectos y niveles del mundo vedados al conocimiento científico. Esta situación, también reflejo del profundo cambio cultural que la ciencia estaba ocasionando, había de sedimentarse inevitablemente en campos que, como la epistemología y la teoría de la ciencia, la teoría y la filosofía de la historia, difícilmente pueden evitar tomas de posición sobre la naturaleza interna y, dado el entorno conceptual heredado del idealismo, sobre el destino histórico de la filosofía.

El positivismo es el movimiento intelectual que, especialmente en Francia, Inglaterra y Alemania, intenta esa sedimentación de forma expresa. Su percepción genérica es que los nuevos rasgos del mundo real, el de la política, la industria y, sobre todo, el del conocimiento, exigen actitudes y útiles intelectuales desconocidos por la filosofía. Atrás quedarían, en la lógica del tiempo como en la sustancia, las loables visiones abstractas sobre el progreso humano hechas por los *philosophes* de la Ilustración; y muchos más atrás, en ambos sentidos, el talante metafísico bajo el que el idealismo alemán pretendía colmar la historia de las ideas. Esta sería para el positivista una historia realmente ya acabada, sin futuro posible bajo las nuevas condiciones del presente. El presente es (de) la ciencia.

La «edad de la ciencia» y su programa

En este contexto se ha de incluir la tesis sin duda más conocida del positivismo decimonónico: la «ley de los tres estados» de Comte. No es ni la más original[1] ni la de mayor aceptación. Pero sí es la expresión más representativa de una conciencia cultural segura y entusiasmada de asistir al advenimiento de la edad de la ciencia. Pues los estados son en esta ley estadios de un continuo histórico progresivo: de un progreso continuo del conocimiento que culmina en y con la época que realiza culturalmente la última fase que la ley enuncia. Es por eso característico de esta época concebirse a sí misma (lo hace ya en la filosofía hegeliana de la historia) como el cumplimiento efectivo del final de un relato que ella misma narra sobre la historia de la cultura.

En su *Cours de philosophie positive* (1830-1842) formula Comte la ley en estos términos:

> Cada rama de nuestro conocimiento pasa por esta serie de tres estados diferentes: el estado teológico o ficticio, el estado metafísico o abstracto y el estado científico o positivo. (CFP, lec. 1)

En la breve exposición del *Discurso* se precisa que esta ley, aunque es «ley de la evolución intelectual» que actúa «lo mismo en el individuo que en la especie» (DEP, § 2), forma parte de una teoría general de las imágenes del mundo según la cual éstas sufrirían a lo largo de su historia un proceso natural de depuración o perfeccionamiento. Sostiene que una mirada retrospectiva y comparativa sobre los intentos humanos de explicación del mundo permitiría descubrir ciertas regularidades concernientes a formas, tipos o procedimientos de conceptualización que siempre pasarían por tres fases o estadios sucesivos. Son los estadios o fases del progreso universal del conocimiento humano.

La primera fase (DEP, § 3-8) estaría caracterizada por una externalización de la causalidad (se recorre a fuerzas transnaturales o sobrenaturales) utilizada para explicar el mundo y pasaría, a su vez, por las fases animista, politeísta y monoteísta. Es por ello considerada *«teológica»* en sus contenidos y «ficticia» en cuanto a las causas que utiliza para sus explicaciones.

La segunda (DEP, § 9-11) sustituiría la semántica transnatural de la causalidad utilizada en la fase anterior por nociones referidas a fuerzas y causas ocultas, a esencias y entidades inmanentes al mundo pero no controlables empíricamente. El tipo de causalidad que sugieren conduce a una noción universal de naturaleza, tan abstrusa como vaga. Las explicaciones que se obtienen mediante esta noción son absolutas en el sentido de que pretenden conocer la causa verdadera y última subyacente a los fenómenos y aportar así un conocimiento completo e imperfectible de la realidad. Es la fase *«metafísica»*, menos ingenua y antropomorfa que la teológica en sus conceptos, pero demasiado abstracta, pretenciosa e inoperante.

La tercera es la fase *«científica»*, «positiva o real» (DEP, § 12-16). Ya está en curso, pero la teoría positivista no es aquí sólo un diagnóstico, es también un programa; un programa orientado a realizar los rasgos de la noción de «positivo» ya evocados.

---

[1] La idea de las etapas de la historia, progresivas o circulares, es tan vieja como los relatos míticos de las grandes culturas. En Occidente se ha visto favorecida la versión progresiva, sometida a leyes y períodos, por la concepción lineal judeocristiana del tiempo. Desde Agustín de Hipona a Hegel, Comte, Marx y Jaspers, pasando por Joaquín de Fiore y Vico, entre otros, se han sucedido varias propuestas (cfr. K. Löwith, *Weltgeschichte und Heilgeschehen*, Stuttgart, 1953). W. Dilthey propondrá una versión sincrónica de las fases, siendo éstas reducidas a «tipos» no necesariamente sucesivos de la concepción humana del mundo.

Puesto que, según esta teoría de la historia de la cultura, *todas* nuestras opiniones, «cualesquiera que éstas sean, están inevitablemente sujetas» a sufrir un proceso cuyo estado final es el positivo o científico, este estado no representaría un momento coyuntural de la historia humana. Sería por el contrario necesario, pues en él convergerían, regidos inevitablemente por leyes de progreso, los esfuerzos precedentes de la historia universal del conocimiento. En ese sentido, la época positiva, con sus concreciones históricas en forma de conocimiento y sus derivaciones en forma de progreso educacional, social y tecnológico, sería el resultado de una «universal preparación» realizada a lo largo de la historia (DEP, § 30). La época positiva, que es la actual, sería el colofón necesario de las leyes universales que rigen la historia de la cultura.

Más arriba he expuesto la noción de positividad atendiendo a los valores teóricos (epistémicos) y prácticos (morales, sociales) que según la concepción de Comte serían propios del conocimiento científico. Pero esta concepción incluye también un teoría, en realidad un programa ideal y normativo, sobre las condiciones para obtener esos resultados. Las tesis básicas de ese programa, formuladas no siempre de forma expresa en la obra de Comte ni sólo en ella, contienen buena parte del ideario característico del positivismo entendido como actitud filosófica general:

i) *No todo lo que existe puede ser objeto del conocimiento humano.* Es decir, *los dominios de la realidad y de la conciencia* (conocimiento) *no son coextensivos.*
ii) *El dominio de los objetos del conocimiento científico está determinado por hechos observables y relaciones regulares entre ellos inferidas con rigor lógico.*
iii) *La reducción del ámbito del conocimiento al de la facticidad, realizada con rigor lógico, permite disponer de una instancia intersubjetiva de control y garantiza la precisión y exactitud conceptuales.* Se pretende con ello excluir del lenguaje científico el peligro de *arbitrariedad representacional* y los *falsos problemas* subsecuentes.

El aspecto programático y normativo de estas ideas, aunque adquirió una forma canónica bajo la pluma de Comte, es el menos específicamente comteano del positivismo. Es también el aspecto más valioso, y más influyente de hecho, del legado histórico positivista (Scharf 1995).

Si se proyectan ahora las tesis precedentes sobre las relaciones entre la época metafísica y la ciencia entendidas como representantes respectivos de los estados precedente y actual, es fácil inferir las razones por las que el modelo metafísico debe ser superado por el científico.

iv) *La actitud «metafísica» debe ser superada por dos razones: por sus elevadas pretensiones y por su deficiente forma de razonar y argumentar.* Se propugna a la vez más rigor y una mayor humildad en cuanto a los medios y fines del conocimiento, esto es:

iv_a) *Renunciar a la «vana búsqueda de nociones absolutas, del origen y destino del universo»* (CFP, § 1).

iv_b) *Renunciar a conocer causas profundas, supuestamente subyacentes a los fenómenos, tales como las causas esenciales y finales.*

iv_c) *El conocimiento de las causas profundas ha de ser sustituido por la descripción de hechos observables y la obtención, a través de ella, de nociones sobre procesos cada vez más universales, hasta alcanzar «leyes» referidas a «relaciones invariables», de «sucesión y de similitud», en la naturaleza.*

v) *Seguir estos principios es seguir un método científico*, de suerte que la expresión *«seguir un método científico»* designa *la forma de explicar el mundo más racional, solvente y humanamente útil.*

vi) *Este nuevo tipo de explicación de la realidad es el imperante en la ciencia moderna, por lo que, de hecho, confirmando la ley de los tres estados, la filosofía metafísica ha sido superada ya por la ciencia, por definición «positiva».*

vii) *El método científico, que es la culminación de la evolución individual y colectiva del conocimiento, constituye también la (por fin verdadera) filosofía, que, liberada de la teología y la metafísica, debe unificar todas las ciencias, incluidas las ciencias morales y sociales.*

viii) *El conocimiento disponible, unificado sobre bases intersubjetivas, debe ser culturalmente socializado, lo que tendrá beneficios para todos los órdenes de la vida individual y su organización colectiva.*

Como puede verse, lo más valioso del positivismo decimonónico no es la teoría de los tres estados. Son suposiciones de fondo tales como: la defensa de rigor e intersubjetividad en el conocimiento siguiendo pautas concretas; la consiguiente unificación del saber bajo la metodología científica y la subsecuente naturalización de las ciencias humanas; la renuncia a instancias transnaturales o absolutas para explicar el mundo; la relativización histórica del conocimiento y su universalización sociocultural a fin de organizar mejor la vida social.

La unificación positivista del conocimiento

El ideario positivista no concede en realidad espacio para un *conflicto de las facultades* entre filosofía y ciencia. El nombre de «filosofía» subsiste ciertamente. Pero, entonces, o es sinónimo de «ciencia positiva» o de la síntesis de todas las ciencias positivas. Y la síntesis de las ciencias, como había defendido Descartes siguiendo a los Antiguos, debería culminar en las ciencias humanas (DEP, § 37) agrupadas hasta entonces bajo la filosofía práctica. No hay más alternativas. El estadio final, actual, es precisamente positivo porque es más maduro en sus pretensiones y más eficaz en sus medios. En cuanto tal, cumple la ley natural de los tres estados, que no es en realidad sino la ley universal del progreso o evolución del conocimiento.

John Stuart Mill (1806-1873), estudioso y crítico selectivo de la obra de Comte (Mill 1977 [1875]), y uno de los más destacados, y a la vez más prudentes, representantes del positivismo inglés, entenderá y aceptará explícitamente (*A System of Logic*, 1843, § IV, caps. 10-11) que la ley comteana obedece a la ley del progreso histórico de la razón humana. Como Hegel, Comte y Mill estaban convencidos de que las ideas son «los agentes principales de los cambios de la historia» (Mill). Es claro desde este punto de vista que el positivismo no pretende combatir el esfuerzo realizado por la filosofía, sino su reforma y perfección. Para ello combate, eso sí, lo que de ella considera son procedimientos anticuados y, sobre todo, objetivos tan inútiles como inalcanzables.

En cuanto a los procedimientos, su programa excluye en primer lugar del dominio del conocimiento humano lo que no puede ser cubierto por la metodología científica (tesis i-iii). Esto, que puede parecer una posición dogmática, es una derivación necesaria de su renuncia crítica a considerar coextensivos los dominios del conocimiento y de la realidad, tal como habían hecho ya Hume o Kant. No todo es cognoscible. Y es precisamente el rigor científico el que impone esta limitación. Claro es que esta restricción va acompañada del supuesto de que sólo es conocimiento fiable el conocimiento científico. Se sigue trivialmente de ahí que la metodología científica es aplicable a todo lo que es cognoscible. En ese aspecto el argumento es tautológico. Pero sus consecuencias no son triviales. Conciernen a cuestiones como la unidad del conocimiento, la clasificación de las ciencias o la «naturalización» de las ciencias humanas.

Tales cuestiones son indudablemente «filosóficas». El positivismo asume el viejo proyecto filosófico de la unidad de las ciencias precisamente porque su programa sostiene que en el estado científico es posible, y deseable, someter todas las ramas del conocimiento a la metodología más solvente, la de la ciencia. Si se opta por salvar –una cuestión sin duda menor– el nombre de «filosofía», ésta habrá de ser también positiva, y entonces su tarea, especialmente en la versión francesa, consistiría en rediseñar la arquitectura del conocimiento mostrando el fundamento de la unidad de todas las áreas del conocimiento.

Ésta es una propuesta poco original, pero bajo las condiciones a las que el positivismo la somete implica una redistribución de las competencias y procedimientos formales, por no hablar de los contenidos. Por añadidura, aunque esta es una cuestión que atañe a los procedimientos del programa, también es relevante para sus objetivos. Pues se espera que los resultados de esa tarea contribuyan valiosamente a la educación de la sociedad: evitaría la dispersión y desconcierto de la especialización; reordenaría (Arnaud 1971) los criterios educativos y adaptaría los contenidos; y haría socialmente permeable el saber disponible, lo cual permitiría una transformación racional de la sociedad, acorde con la nueva edad histórica.

La unidad de las ciencias proviene en primer lugar de la universalidad del método, pero también de los contenidos. Especialmente en la versión de Comte, la arquitectura de las ciencias y su clasificación ha de atenerse a la articulación natural de los hechos y de los ámbitos de la realidad conocidos. La base está constituida por los principios más universales, que conoce la matemática abstracta o análisis. Le sigue la matemática concreta, cuyas ramas son la geometría y la mecánica. Éstas son a su vez la base de la física general del cosmos (astronomía), y ésta la de las ciencias del mundo inorgánico, estudiado en el primer nivel por la física y la química. Sobre ellas se apoya la biología para estudiar el mundo orgánico. Y sobre todas ellas se asienta la sociología (Aron 1987), que incluye la moral, culminando así el edificio del saber con el estudio de los aspectos específicos de la condición humana.

Este edificio, jerárquico y, por tanto, reduccionista, sigue un ideal de organización paralela del conocimiento y de la realidad a cuyo encanto pocas veces se había resistido la filosofía, desde sus orígenes hasta el idealismo alemán. Esta vez, ciertamente, no es un *logos* trascendente o un espíritu absoluto el fundamento que lo organiza todo y al que conduce la reducción. Son leyes inherentes a todos los procesos naturales obtenidas mediante ascéticos procedimientos de inferencia cuya estructura lógica y reglas procedimentales Mill, crítico como veremos con algunos aspectos de ese reduccionismo, desglosará con primor en el citado *System of Logic*. Y como el conocimiento consiste a la postre en doblegarse a esas leyes, en todos los ámbitos de la realidad, siguiendo siempre las mismas instancias metodológicas, las ciencias «humanas» y las ramas del conocimiento hasta ahora consideradas «filosóficas» no tienen razón para exigir privilegios metodológicos significativos. Comienzan así a proliferar ideas biologistas que impregnan la antropología y la sociología (Mocek 1999) ya antes de que el darwinismo fuera una teoría conocida. R. Daniels, por ejemplo, defiende en su *Ensayo de antropología fisiológica* (1851), que todos los aspectos humanos, físicos, fisiológicos, psicológicos e intelectuales, deben ser encomendados «exclusivamente a la ciencia natural», pues «incumben únicamente a la investigación empírica»[2]. Esto es lo que hoy, tras la propuesta hecha por Willard van Orman Quine en 1968 de «naturalizar» la epistemología, es decir, someter su objeto al método y conocimientos de las ciencias naturales, se conoce como «naturalización» de la filosofía.

La naturalización se presenta en la versión de Comte como una unificación de todas las ciencias, incluidas las «sociales» y «morales», bajo el modelo de las ciencias naturales. Pero su propuesta de unificación no es, como queda dicho, sólo me-

---

[2] Cit. según R. Mocek 1999, p. 28.

todológica. Está sustentada por el convencimiento de que el método científico es una adquisición del progreso humano, de suerte que su aplicación se traducirá (Arbousse-Bastide 1957) en progreso moral y social. En este sentido, la unificación metodológica de las ciencias es también la culminación de la (por fin verdadera) filosofía, liberada de teología y metafísica:

> La gran crisis de la positividad moderna no ha dejado esencialmente fuera del movimiento científico más que las teorías morales y sociales, que han quedado en un irracional aislamiento, bajo el estéril dominio del espíritu teológico-metafísico: en llevarlas también al estado positivo debía consistir en nuestros días la última prueba del verdadero espíritu filosófico [...] Esta última expansión de la filosofía natural tendía a sistematizarla luego, constituyendo el único punto de vista, científico o lógico, que pueda dominar el conjunto de nuestras especulaciones reales, siempre reductibles, por necesidad, el aspecto humano, es decir, social, único susceptible de una universalidad activa. (DEP, § 37)

Obsérvese que Comte considera necesariamente «reductibles» todas las teorías a las cuestiones humanas o, lo que según él sería lo mismo, a los aspectos sociales. Es decir, el centro de gravedad del interés teórico es el social. Las dos tesis mayores de su *Discurso*, y que dan respectivamente título a las dos primeras partes son: «superioridad mental» del espíritu positivo como etapa última de la evolución cultural y «superioridad social» para el progreso moral individual y colectivo. Se advierte aquí con claridad que la primacía metodológica de los hechos sobre la especulación no basta para anular la primacía programática de una visión filosófica de conjunto (Atencia 1995, pp. 167 ss.). De ella se alimentará a la postre su utopía social cientifista y, con ella, lo menos aprovechable de su pensamiento.

Ciertamente, Comte se había facilitado en exceso la unificación de las ciencias excluyendo la psicología del mundo científico. Pues, bajo su discreta concepción de las competencias cognitivas de la mente humana, formaría parte de su particular destino poder observar el mundo, pero no a sí mismo observándolo. Esta disyunción del ámbito de la realidad y de la conciencia invierte en parte los términos del agnosticismo kantiano. Pues sostiene que podemos conocer el mundo, pero no podemos tener una ciencia del sujeto-del-conocimiento. Sin embargo, esa restricción fue pronto superada sin abandonar las líneas maestras del ideario positivista. En éste y en otro muchos aspectos se evidencia que si todos los comteanos son positivistas, no todos los positivistas son comteanos.

La psicología fue precisamente unos de los campos de batalla y, en cierto sentido, una de las fuentes que alimentaron el espíritu positivo no comteano en Europa. Mill hace incluso de la psicología la base del edificio científico. Retomando una idea de corte ilustrado y especialmente cuidada por Hume, Mill sostendrá que si es posible observar el mundo, esta observación no sería fiable si no fuera posible observar al sujeto del conocimiento que observa el mundo y estudiar sus leyes. La psicología no puede por tanto quedar relegada al ámbito de lo incognoscible. Herbert Spencer (1820-1903), *The classification of the Sciencies* (1864), aborda el estudio de la psicología criticando como Mill la clasificación hecha por el francés. En sus *Principles of Psychology* (1852), versión refundida y ampliada (1875-1872), aplica de lleno la hipótesis evolucionista en términos que Darwin considerará compatibles con su teoría (OE, 571). Spencer propugna una visión unificada o «sintética» (*A system of Synthetic Philosophy* [1862-1896]) de todos los aspectos de la realidad positiva, es decir, no trascendente, regidos siempre por la ley general de la evolución. Esta síntesis del conocimiento, que es la tarea que ahora merecería el nombre de «filosofía», se asemeja a la propuesta por Comte, pues se construye también sobre la realidad positiva y debe unificar todas las ciencias superando la discontinuidad entre las naturales y humanas[3].

No obstante, los viejos nombres pueden designar objetos nuevos o modificados. Lo que se sigue designando ciencias «humanas» o «psicología» está cambiando a tenor de los supuestos programáticos positivistas. Gustav Theodor Fechner (1801-1887), destacado positivista alemán, no tiene escrúpulos para servirse del término *metafísica*, con tal de que aparezca dentro de la expresión «metafísica inductiva». Pero es evidente que una metafísica así no puede diferenciarse de la ciencia particular que se ocupara de sus objetos, por lo que para Fechner la metafísica inductiva es lo mismo que la «psicología científica» que él propugna.

De otro lado, la psicología que Mill defiende como base de las ciencias es entendida por él como análisis lógico de los hechos de la conciencia, es decir, de las sensaciones. Mantiene ciertamente (*A System of Logic*, § IV, cap. 10) la distinción entre ciencias de la naturaleza y del espíritu o de la cultura, por ser esta última menos invariable y recurrente que la naturaleza. Pero la distinción, que incluye la psicología y la sociología (ésta entendida como etología o teoría de las costumbres) entre las ciencias humanas, no impide clasificar la historia entre las ciencias naturales, sometiéndola así al rigor metodológico de la inducción positiva[4].

Se incoa así un debate sobre la naturaleza del conocimiento en general y las relaciones de método y contenido entre las ciencias naturales y las ciencias humanas que ocupará a la filosofía durante buena parte del siglo XIX, especialmente en Alemania, en donde la corriente historicista (*Historismus*) impregnaba tanto las

---

[3] El mismo programa de unificación, y también desde la perspectiva evolucionista, es hoy defendido con énfasis por E. O. Wilson (1999).

[4] La consagración y auge de la investigación histórica en el siglo XIX van acompañados de una amplísima discusión sobre la metodología (cfr. *Geschichte und Geschichtsschreibung, von Voltaire bis zur Gegenwart*, ed. Fr. Stern, Munich, 1966), discusión en la que las ideas positivistas tienen con frecuencia fuerte influencia.

ciencias humanas particulares como la filosofía[5]. La discusión desencadenará aquí hacia finales de siglo un nuevo episodio del conflicto de las facultades que acabará postulando, mediante la distinción entre explicar (*Erklären*), tarea de las ciencias naturales, y comprender (*Verstehen*), tarea de las ciencias humanas y la filosofía, una vía propia de las últimas. Esta discusión condicionará también parte de la filosofía del siglo XX. Matices aparte, esa distinción aún dividirá la filosofía contemporánea en defensores («continentales» o «hermenéuticos») y detractores («analíticos») de su justificación y uso.

La razón humilde

Es una extraña paradoja que al positivismo del XIX se le critique tanto por sus excesos especulativos como por su lerdo apego a los hechos. Los excesos de Comte en su última fase o, como él mismo dice, en su «segunda carrera», son más propios de las actitudes metafísicas que él había criticado que del espíritu positivo. Esos excesos están caricaturalmente representados por la propuesta comteana de hacer de la ciencia la «Religión de la Humanidad» y de los científicos sus sacerdotes que ofician sobre el altar del «Gran Ser». Comte, traicionando su renuncia a «toda pretensión de absoluto» (*DEP*, § 13), no resistió a la tentación de ampliar la lista de las utopías sociales urdidas por los filósofos desde Platón (Atencia 1995, p. 209). Por suerte, esos excesos comteanos no forman parte de la herencia positivista más influyente y, desde luego, no de la que merezca ser salvada. No es por eso de extrañar que una de las mejores críticas a esos excesos fuera hecha por J. Mill, otro positivista y amigo de Comte, en la segunda parte de su obra *Augusto Comte y el positivismo* ([1865] 1977).

Bajo un manto verbal a veces demasiado ampuloso, sobre todo en los entornos francés y alemán, el positivismo alberga un espíritu circunspecto, decepcionante incluso en sus pretensiones para quienes propugnan aún las de la tradición metafísica o las añoran. El positivismo defiende moderar el orgullo de la razón a cambio de fru-

[5] El término *Historismus* se usa desde mediados del siglo XIX con significado negativo y polémico en contra de la pretensión totalitaria de las ciencias del espíritu y el relativismo. Nietzsche, que prefiere el término *Historizismus*, es especialmente cáustico en este sentido. Sólo los trabajos de Ernst Troeltsch (*Der Historismus und seine Überwindung*, 1924) y, sobre todo, de Friedrich Meinecke (*Die Entstehung des Historismus*, 1936) conferirán (provisionalmente) al término un significado positivo: la formación de la conciencia histórica que, frente a las corrientes naturalistas, sería característica del pensamiento de una época. Cfr. H. Schnädelbach, *Geschichtsphilosophie nach Hegel. Die Probleme des Historismus*, Friburgo/Munich, 1974.

tos tangibles. Incluso el más ambicioso o ingenuo Comte, cuyo programa, tanto para la naturaleza como para la historia, se resume en «ver para prever, en estudiar lo que es, a fin de concluir de ello lo que será, según el dogma general de la invariabilidad de las leyes naturales» (DEP, § 15-16), subraya la «necesaria imperfección» de nuestros instrumentos teóricos, «la naturaleza forzosamente relativa de todos nuestros conocimientos»; de lo cual se sigue que la ciencia, aunque progresa en conocimiento siempre, «tiene que rechazar toda pretensión de absoluto» (DEP, § 13-14).

El fisiólogo Claude Bernard (1813-1878), uno de los autores más influyentes de la época y cuya *Introduction à l'étude de la médicine experiméntale* (1865) ha sido considerada el discurso del método del siglo XIX, dirá: «la ciencia, humillando nuestro orgullo, aumenta proporcionalmente nuestro poder».

Los positivistas están convencidos de que la edad de la ciencia, tras rebajar las pretensiones cognitivas de la época metafísica, es más prudente, más acorde a los límites humanos del conocimiento y, como consecuencia, también más operativa. Efectivamente, Comte había propuesto sustituir el conocimiento de las causas (esenciales y finales) por las leyes, entendidas como descripción de relaciones constantes de sucesión y similitud inferidas mediante observación. Pero también había sostenido desde la primera lección del CFP que las teorías sobre leyes tan útiles como la de la gravedad no son sino «cavilaciones», y, además, que «nadie exige que vayamos más allá», esto es, que se ha de abandonar la «vana búsqueda» de absolutos como «el origen y destino del universo». En el mismo sentido, Bernard, subrayando las ventajas del método inductivo defendido por Mill, concluye que quien lo sigue, pese a ser su método seguro para lo que se propone conocer, «nunca puede asegurar que ha alcanzado la verdad absoluta».

Esas son ideas que Mill podía asumir sin reparos. Por eso resume así lo que califica como «doctrina fundamental» del positivismo:

> No tenemos conocimiento de nada excepto de fenómenos; y nuestro conocimiento de los fenómenos es relativo, no absoluto. No conocemos la esencia ni el modo real de producción de cualquier hecho, sino solamente sus relaciones con otros factores [...] Esas relaciones son constantes; es decir, siempre son las mismas bajo las mismas circunstancias. Las semejanzas constantes que enlazan juntos los fenómenos, y las constantes secuencias que los unen [...] se llaman sus leyes. La leyes de los fenómenos es todo lo que conocemos respecto a ellas. Su esencial naturaleza y sus últimas causas son desconocidas e inescrutables para nosotros. (Mill 1977, p. 41)

Si bien esta formulación utiliza buena parte de la terminología y el argumentario de Comte, es indiscutible que los aspectos menos dogmáticos o más escépticos quedan mejor representados por el positivismo inglés, especialmente en el propio Mill, que por la obra del francés. Pero el acortamiento de las pretensiones cognitivas es en cualquier caso una tesis básica del espíritu positivo (cfr. tesis iv).

Esa discreción programática ha sido y sigue siendo percibida historiográficamente como una renuncia pusilánime a despegar del mundo de las apariencias, como un sometimiento a la mera experiencia fenoménica, como una «subordinación de la imaginación a la observación» (Atencia 1995, p. 86) y, por tanto, como un «fracaso» (Koyré 1983, p. 69) y una falta de coraje de la razón propia de un mundo «depauperado» (Lowith 1941). El positivismo sería en suma la encarnación de un espíritu agostado, bisoño y torpe. ¿Es necesaria esta valoración?

Desde luego, cuando «imaginación» es sinónimo de «quimera», evitarla debería ser una virtud. Los positivistas, y especialmente Comte, tienen un especial interés en no caer en «el hábito de concebir las abstracciones mentales como entidades reales» y en evitar los «embrollos de la filosofía» en torno a «sustancias universales», «formas sustanciales», «virtudes y cualidades ocultas», «esencias», etc. (Mill 1977, pp. 50-52). Sustituir el conocimiento de las «esencias» de las cosas por las propiedades observables que las determinan y por las regularidades («relaciones invariables») que las relacionan, no implica superficialidad cognitiva, sino situarse en un punto de vista desde el que, como había sugerido Newton contra Leibniz y como muestra la crítica de Kant, la concepción esencialista de la realidad, técnicamente representada por la noción prekantiana de «sustancia», puede ser desenmascarada como un atavismo sólo sancionado por la forma precientífica de percibir la realidad. La crítica a la noción esencialista de sustancia se instala relativamente pronto en la filosofía moderna[6]; tan pronto como surge lo que a inicios del siglo XVII se denomina «filosofía experimental», embrión de la ciencia moderna. No es por eso casual que Galileo o Newton[7], pero no sólo ellos, sostengan con ironía no saber nada de las sustancias y las esencias y sus causas, y digan conformarse con explicar los fenómenos. En esto, el positivismo no hace sino sancionar un rasgo de la ciencia moderna que concierne no sólo a lo que sabemos acerca del mundo, sino a cómo lo sabemos. En suma, la aversión positivista a las entidades y los misterios metafísicos proviene de una actitud crítica frente a los excesos de la ra-

---

[6] Cfr. H. Rombach, *Substanz-System-Struktur, Die Ontologie des Funktionalismus und der philosophische Hintergrund der modernen Wissenschaft*, 2 vols., Friburgo, 1965-1966. Cfr. también R. Jolivet, *La notion de substance. Essai historique et critique [...] d'Aristote à nos jours*, París, 1929; J. Hessen, *Das Substanzproblem in der Philosophie der Neuzeit*, Berlín, 1932.

[7] Tanto Galileo (*Opere*, 20 vols., Florencia, ed. Nazionale, 1890 ss., *Dialogo II*, vol. VII, p. 260; *De motu*, vol. I, p. 285) como Newton (*Scholium generale* a los *Principia*, vol. 3, Colonia, 1760, p. 275) niegan que sea relevante para sus teorías conocer la sustancia. Darwin (OE, p. 563) se sumará a ellos. Escépticos modernos ante la inviabilidad del concepto de sustancia han sido, además de Humen, filósofos como: Gassendi (*Opera omnia*, 6 vols., Lyon, 1658, reed. Bad Cannstatt, 1964, I, 79b; I, 81; III, 308a; III, 413b; cfr. también las objeciones de Gassendi a Descartes en *Objectiones in Meta.*, AT [ed. de Adam/Tannery, *Oeuvres*], VII, 272), Geulincx (*Opera philosophica*, La Haya, 1891-1893, II, 192; III, 6, 199), Locke (*Essay*, ed. P. H. Nidditch en *Clanderon Editions of Locke's Works*, Oxford, 1975 ss., pp. 95, 175, 195-196, 306) y Kant («Erste Analogie der Erfahrung», *KrV*, B 224-232).

zón especulativa. Retrospectivamente puede considerarse como una reacción al idealismo alemán. Pero es también algo más. Como muestra la historia anterior y posterior de las ideas, tiene que ver con una determinada concepción del trabajo intelectual en general que el positivismo asume conscientemente.

Los peligros inherentes a la especulación metafísica y los abusos cometidos por ella se venían denunciando desde el Renacimiento y los albores de la Edad Moderna. Las filosofías de Hume o Kant habían ofrecido ya lacerantes diagnósticos en esa dirección. Siguiendo esta tradición, los positivistas del XIX subrayan la necesidad de conjugar la experiencia y el rigor lógico a fin de evitar falsas pretensiones y deficiencias en la forma de argumentar. Estas ideas decimonónicas influirán (López 1988), ligeramente reelaboradas por positivistas como Ernst Mach (1838-1916), en el neopositivismo o empirismo lógico del Círculo de Viena en el siglo XX y permanecen activas en una parte significativa de la filosofía contemporánea representada por la tradición analítica.

Es cierto que algunas formulaciones comteanas sugieren que la mera atención a los hechos positivos eliminaría cualquier problema y que los problemas que no puedan resolverse recurriendo a los hechos no serían problemas que merezcan consideración. Pero, aunque estas ideas simples llegaron a alentar inicialmente al positivismo lógico del siglo XX, ni todo el espectro positivista las acepta ni, sobre todo, la experiencia cultural de las aplicaciones científicas del programa positivista las confirma. Veremos, por ejemplo, cuánto se aleja de la experiencia fenoménica el darwinismo, que es una de esas experiencias y versiones del espíritu positivo de la época. No debe por tanto confundirse la sobriedad conceptual con la superficialidad, ni la humildad cognitiva con la falta de coraje. Coraje se necesita en cualquier caso para imponer límites al vuelo autocomplaciente de la razón especulativa. El hecho de que el propio Comte no renunciara a vuelos de este tipo muestra hasta qué punto estaba justificada su insistencia en reforzar los instrumentos metodológicos para evitarlo.

La libertad sin dogmatismo o el positivismo inglés

El positivismo se muestra particularmente circunspecto en Inglaterra, tal vez debido a que la filosofía inglesa apenas había tenido comercio intenso con las ideas del idealismo alemán. Menos dogmático que el francés o el alemán, es también más expresamente crítico con el dogmatismo y defensor tanto de la libertad individual como de la condición históricamente abierta de la ciencia. Uno de los más brillantes defensores del espíritu científico del siglo XIX, Thomas Henry Huxley (1825-1895), convencido de su naturaleza crítica y, al igual que Mill, de las ventajas del diálogo abierto para su progreso, asegura en *Science and Culture* (1881) que «el destino habitual de las nuevas verdades es comenzar como herejías y terminar como supersticiones». Es la opinión de alguien que como médico, anatomista, geólogo y biólogo de enorme prestigio, además de polemista, era uno de los protagonistas de algunas de las «nuevas verdades» de ciencias particulares como la biología.

Pero también en Inglaterra es impugnada con dureza la metafísica. Sus baluartes serían el esencialismo y el apriorismo. La renuncia a conocer las esencias eternas formaba ya parte de la tradición utilitarista en la que las ideas positivistas encuentran el terreno abonado. Jeremy Bentham (1748-1832), cuyo utilitarismo influiría fuertemente en James Mill (1773-1836) y, a través de éste, en su hijo John Stuart Mill (1806-1873), fue ya un despiadado crítico de los derechos naturales por lo que tenían según él de inalterables y sagrados. En el mundo humano no existen entidades con estas características, y además son peligrosas[8], asegura Bentham. Por esta razón descalificó la *Declaración de los derechos del hombre* de la Revolución Francesa como «el *non plus ultra* de la metafísica» y, con estilo e instinto positivista, dividió sus artículos en ininteligibles, falsos y falsos e ininteligibles.

Educado en esta tradición, St. Mill percibió el recurso al ámbito experimentalmente inaccesible de las esencias como una de las causas de los excesos del razonamiento filosófico tradicional. Pues ese recurso obliga a asumir suposiciones y procedimientos apriorísticos, tan dogmáticos como falaces. Esa forma de razonar es para Mill característica de la filosofía de Descartes o Coleridge, pero sobre todo de la «metafísica alemana», y considera por eso que su defensa de la inducción en el citado *Sistema de la lógica* forma parte de la lucha de su época contra el irracionalismo apriorístico que caracterizaría lo que denomina la doctrina «germano-coleridgiana».

Su teoría inductiva de la ciencia se basa en no hacer presuposiciones y en generalizar a partir de los hechos siguiendo reglas formales. Salvo el principio o «axioma» ya adoptado por Newton e inductivamente plausible de la «uniformidad» de la naturaleza, no debería haber ningún punto absoluto de partida ni definitivo de llegada. Y esta ausencia de absolutos tiene su correlato sociopolítico y ético en la defensa de la libertad individual.

Hemos visto que la socialización del conocimiento disponible es una idea común a los positivistas heredada de la Ilustración. Pero la forma en que ha de ser realizada a fin de consolidar una sociedad libre y cohesionada tiene rasgos propios en Inglaterra. El ensayo de Mill *On Liberty* (1859), escrito juntamente con su esposa, es un clásico de la prosa filosófica inglesa. Pero lo es también de la teoría moderna de la libertad. Uno de sus supuestos básicos es que los inconvenientes de la dis-

---

[8] Por mediación de John Dewey (1859-1952), estas ideas siguen teniendo influencia en autores contemporáneos como Richard Rorty, quien llega (*Verdad y progreso*, Barcelona, Paidós, 2000, pp. 219-242) a conclusiones parejas a las de Bentham sobre la justificación de los derechos humanos.

cusión libre, sin restricciones, son siempre incomparablemente menores que los de la verdad dogmática e institucionalmente protegida. El dogma puede ser útil al Estado, pero no a la libertad. Bentham había visto en el Estado una entidad metafísica, ficticia, y como tal ajena a las existencias reales que son los individuos. Mill, educado en esta desconfianza ante toda instancia superior al individuo o a la suma razonada de sus voluntades, desconfió también de la democracia igualitaria, una alternativa al Estado para él potencialmente más peligrosa. De ahí su enérgico rechazo a las «especulaciones» del último Comte (Mill 1977, pp. 149 ss.) en cuestiones de filosofía social y educacional. Frente al estado soberano y al «yugo igualitario», Mill propugna en *On Liberty* la «soberanía del individuo». Pero su fundamento no es tampoco ninguna instancia metafísica, tal como el derecho natural, sino un argumento pragmático. Si la naturaleza individual no es superior a otras entidades, el individualismo sí es más útil que otras concepciones, siempre que por individualismo se entienda la promoción de los mecanismos favorables a que la fuerza real de la sociedad, que son los individuos, se expanda «en innumerables y encontradas direcciones». Lo cual se consigue mediante la creación, difusión y discusión libre de ideas sin restricciones. Esta última en especial hará progresar la verdad, y su conocimiento a la sociedad que más favorezca esa libertad.

Pese a su talante más especulativo, también Spencer se desentiende de hecho de los mundos trascendentes y los absolutos. Postula, sí, un absoluto subyacente a la evolución universal, pero, como el *nóumenon* kantiano, es por definición incognoscible y por tanto inane para el progreso del conocimiento y en consecuencia también para la ciencia unificada o filosofía, que sólo da cuenta de la realidad positiva. Análogamente, su evolucionismo hace que en el ámbito de las ideas políticas y éticas la noción de perfección sea sustituida por la de perpetuo esfuerzo de adaptación individual y colectiva. El progreso cognitivo, moral o social no está guiado por fines absolutos; es, como en la naturaleza orgánica, un proceso de aproximaciones sucesivas a soluciones concretas mediante recombinaciones de los medios y soluciones disponibles.

También en esto se distancian Mill y Spencer de Comte. El continente en general confiará más en el Estado. El positivismo francés, sobre todo el comteano, confiará tanto más en él cuanto más se aleje del absolutismo monárquico, religioso o revolucionario y mayor poder confiera al conocimiento científico disponible en todas las ramas del saber a fin de educar y organizar racionalmente la sociedad. Mill denunció en el citado trabajo sobre *Comte y el positivismo* que un proyecto así conlleva el peligro de una nueva forma de absolutismo y despotismo. Tampoco la ciencia puede ser sacralizada institucionalmente. No menos que las ideas religiosas, sanitarias, educativas o políticas. Ciertos rasgos del positivismo comteano que recuerdan los aspectos más ingenuos o peligrosos de las utopías sociales filosófico-científicas, desaparecen en Mill y Spencer por completo.

Impregna en suma al positivismo inglés, y muy especialmente a la versión pragmatista de Mill, un convencimiento de fondo favorable a la condición histórico-dependiente de todas las ideas y creencias, incompatible con los mundos esenciales e invariables que habían polarizado buena parte de los fines y los medios de la tradición filosófica. Tal convencimiento se refleja también de forma expresa y rotunda en la idea de que la «naturaleza» femenina es una creación histórica, culturalmente interesada. Esta es, aún para el posrevolucionario siglo XIX, una idea intempestiva. Mill la defiende, con la imperturbable serenidad argumentativa que caracteriza su prosa, en su ensayo *Sobre la servidumbre de las mujeres* (1869). Al paso desenmascara el recurso a la «naturaleza» femenina como una coartada, característica de los esencialismos, para justificar su servidumbre y la restricción de sus derechos familiares, laborales, educacionales y políticos. Es inevitable relacionar (Reale y Antiseri 1988, p. 297) estas atrevidas ideas de Mill con el movimiento sufragista feminista de finales de siglo y la aprobación del derecho a voto de las mujeres en Inglaterra en 1919.

La crítica al idealismo o el positivismo alemán

El positivismo, considerado como corriente históricocultural, representa en buena medida una reacción frente al idealismo. No sorprenderá por eso ni que el idealismo organizara en círculos filosóficos su «reacción contra la ciencia positiva» (Fouillé 1896) ni que, allí donde el idealismo había tenido mayor arraigo, éste fuera criticado con más dureza si las ideas positivistas, o algo parecido, quisieran instalarse.

Como en toda Europa, también la cultura alemana se ve impregnada por el espíritu positivo. Su influencia se extiende a través de todas las ramas del conocimiento, tanto en las ciencias naturales como en las ciencias humanas. Pero la reflexión cobra en Alemania un cariz especial en torno a estas últimas. De un lado, ideas positivas alientan contribuciones innovadoras en ciencias como la psicología, la sociología y, sobre todo, la historia (Escuela de Ranke). De otro, la discusión sobre la metodología de las ciencias humanas frente a las naturales conducirá, como se ha sugerido ya, a la elaboración de conceptos y modelos de diferenciación que tendrán fuerte influencia en la filosofía del siglo XX. Por último, un espíritu positivista más o menos genuino adquiere en círculos filosóficos especial vigor mediante expresas tomas de posición a favor del materialismo y del naturalismo.

Autores como E. Laas (1837-1885), Wilhelm Schuppe (1836-1913), Gustav Theodor Fechner (1801-1887), el citado Helmholtz, Otto Liebmann (1840-1912) y, sobre todo, Richard Avenarius (1843-1896) y Ernst Mach (1838-1916), forman parte del positivismo científico alemán, interesado en el análisis y defensa del método de las ciencias naturales. Este análisis, con frecuencia hecho bajo el lema «vuelta a Kant», conduce en el caso de Avenarius y Mach al «empiriocriticismo», posición que analiza con detalle las condiciones de la «experiencia pura» y cuya finalidad es propugnar la depuración del conocimiento de todo supuesto metafísico. Sus rasgos de fondo son un criticismo epistemológico que enlaza mejor con la actitud del empirismo inglés que con el idealismo alemán y que conducen a una concepción inmanentista del mundo. Son rasgos de la conciencia de una época que Wilhem Dilthey (1833-1911) ha resumido bajo epígrafe «disolución de la actitud metafísica» porque habría asumido la «imposibilidad» de mantener la actitud metafísica como una instancia solvente para el conocimiento del mundo (Dilthey 1966, pp. 557 ss.). Si bien la historia inmediata del empiriocriticismo sobre la naturaleza y método científicos desemboca en la Escuela *neokantiana* de Marburgo, su tipo de análisis y sus actitudes y preferencias teóricas forman también parte de los ancestros histórico-conceptuales del neopositivismo o empirismo lógico del siglo XX del Círculo de Viena (López 1988) y, en consecuencia, de los ancestros de la hoy denominada «tradición analítica».

Como ya sabemos, lo que Dilthey diagnostica como «disolución de la actitud metafísica» es una característica programática del positivismo desde sus orígenes. Esta característica adquiere en el mundo germánico una forma y fuerza especiales mediante la crítica a la idea de absoluto y sus múltiples alias. Que la historia, natural o humana, tenga algo que ver con él es lo que se combate desde diversos frentes con dureza. Lo cual es comprensible si se tiene en cuenta la función omnipresente que esa noción hiperracionalista desempeñaba en la influyente filosofía de Georg Wilhelm Friedrich Hegel (1770-1831).

No es necesario suponer que los disidentes del hegelianismo entendieran bien lo que criticaban (Duque 1999). Pero es trivial que interpretaban correctamente, puesto que ellos eran sujetos destacados de la recepción, la forma en la que el hegelianismo podía ser culturalmente recibido cuando a mediados del siglo XIX se trataba de escoger entre el antiguo y el nuevo régimen, tanto en la filosofía teórica como en la práctica, en la academia como en la política. Por eso las ideas positivistas germinaron en Alemania en parte en el caldo de cultivo de la reacción al hegelianismo, caldo que con frecuencia se cocinó por jóvenes hegelianos ahítos de los especulativos menús del maestro. En los años cuarenta abundaban en Alemania sátiras, en ocasiones hilarantes piezas de teatro, tales como *Der absolute Stiefel*[9] *(La bota absoluta)* de G. F. L. Lindner. Karl Rosenkranz (1805-1879), joven hegeliano que había asistido aún a las lecciones de Hegel sobre la *Enzyklopädie* (1817), divide a los hegelianos en *Hegeliten* (Hegelitas), conservadores y más hegelianos que Hegel, y *He-*

---

[9] El término *Stiefel* sirve en el lenguaje corriente con frecuencia de comodín para evocar «cualquier cosa», y en especial un sinsentido. La expresión *der absolute Stiefel* sugiere algo así como «la tontería absoluta»; el adjetivo alude a la noción hegeliana de absoluto.

gelingen (que por mor de la fonética traduzco mediante «Hegelindos»). Los que Rosenkranz apoda Hegelindos son conocidos hoy como «izquierda hegeliana»[10]. Son jóvenes revolucionarios cuyas posiciones iniciales serán llevadas a las últimas consecuencias en la obra de Karl Marx (1818-1883) y Friedrich Engels (1820-1895). Su punto de partida coincidía, como se hará ver, con los trazos gruesos del espíritu positivo de la época: se acusa al maestro de rendir demasiada pleitesía a las esencias abstractas en lugar de rendir cuentas ante los hechos, sean los del ser humano concreto (antropología), los de la historia humana y sus instituciones (sociología y economía) o los de la naturaleza en general (ciencias naturales). En Alemania, el positivismo se puso con frecuencia el hábito «hegelindo».

Desde la despedida de lo sobrenatural en la *Das Leben Jesu* (1835) de David Friedrich Strauss (1808-1874), la izquierda hegeliana se aplicará a sentar las bases empiricomaterialistas de un humanismo que, sobre ellas, sólo podía ser naturalista. El naturalismo inglés estaba siguiendo el moderado curso de una tradición empirista y utilitarista que desembocará en el pragmatismo liberal de John Dewey (1859-1952). Alemania, como el continente en general, no disponía de una tradición así. Desde contemporáneos de Hegel como Schopenhauer a filósofos posteriores como Nietzsche, no eran pocos los que percibían en la culminación hegeliana del idealismo alemán una forma más o menos encubierta de teología. De ahí que las ideas positivistas del XIX tomaran en Alemania la forma de una programática secularización del hegelianismo, considerada necesaria para secularizar la cultura.

También el positivismo francés secularizaba frontalmente las bases ideológicas del antiguo régimen, negando instancias transnaturales. Ningún otro «orden de gobierno» hay en la naturaleza superior a ella o distinto de ella misma, dirá el joven Ernest Renan (1823-1892) en su obra sobre *El futuro de la ciencia*, publicada en 1848. Es el año de revoluciones sociopolíticas en Europa, pero también el de la aparición del *Manifiesto del partido comunista* de Marx y Engels. Antes, en 1841, Ludwig Feuerbach (1804-1872), tomando el cristianismo como banco de pruebas (*Das Wesen des Christentums*), había desmontado la religión como la sublimación de diversos aspectos consustanciales a la condición humana, especialmente los derivados de la experiencia de su finitud. La primera consecuencia de este estudio derivaba de haber aplicado la exigencia positivista a prescindir de «nociones absolutas» (cfr. tesis iv_a) al análisis y crítica de su función en la historia de la cultura. El sentimiento religioso y los contenidos de la religión podían desde ahí ser procesados empíricamente como una rama de la antropología. La segunda consecuencia, de sesgo más comteano, e igualmente retórico en la forma, era que lo divino es lo humano. Tras esta inversión, el dios del hombre es el hombre mismo; *homo homini deus*, de suerte que, y aquí termina la retórica, a él le compete toda la responsabi-

[10] Sobre esta corriente véase K. Löwith (ed.), *Die Hegelsche Linke*, Stuttgart, 1988; H. & I. Pepperle, *Die Hegelsche Linke, Dokumente zu Philosophie und Politik*, Frankfurt, 1986.

lidad en la fundamentación y organización de la vida social. Una sociedad consecuentemente «humana» tiene que cristalizar en una sociedad autónoma, es decir, en un estado laico, como estaba propugnando el positivismo francés.

Más radicales, Marx y Engels considerarán que las bases teóricas de este nuevo humanismo aún adolecen de cierto esencialismo y resignación propias del pensamiento abstracto de ascendencia hegeliana. Censuran (*Thesen über Feuerbach*, 1845) que Feuerbach y otros representantes de la izquierda hegeliana como B. Bauer (1809-1882) o M. Stirner (1806-1856) siguen confrontándose a la realidad suponiendo que el mundo y el hombre son realidades invariables, provistas de una naturaleza o esencia intemporal que puede y debe ser explicada con tal de adoptar un método lo menos idealista posible. Pero esta actitud desconoce, sigue la crítica, que lo que pensamos acerca del mundo o lo que hacemos con él en nombre de nuestras teorías y creencias nunca es independiente de intereses prácticos concretos. Se sigue de ahí que la realidad, la natural como la humana, a la que el hombre de hecho se enfrenta es a la postre siempre producto de la acción humana, sea teórica o práctica. Lo queramos o no, los humanos contraemos una responsabilidad histórica inderogable con la realidad, puesto que nuestra relación teórica y práctica con ella la transforma. Lo queramos o no, la humanización del mundo[11] es una consecuencia inevitable de la transformación real del mundo en que consiste la historia de nuestra relación con él. Tanto más imperioso será entonces analizar los intereses concretos que han regido hasta ahora la efectiva intervención humana en el mundo y su consiguiente transformación. Este análisis y su inmediata repercusión práctica debe sustituir a la filosofía contemplativa o, lo que es lo mismo, a la filosofía. Pero es significativo que Marx y Engels formulen esta sustitución bajo los tópicos terminológicos del credo positivista:

> Allí donde termina la especulación comienza la ciencia positiva. (*Die deutsche Ideologie*, 1845-1846)

La filosofía, que Feuerbach había propuesto reformar en sus *Grundsätze der Philosophie der Zukunft* (1843) sobre bases empiricomaterialistas contrarias al idealismo, es rechazada por Marx y Engels en *La ideología alemana* como un estéril «monólogo del pensamiento consigo mismo» que ha de ser sustituido por la «primacía de los hechos», esto es, por la «sociología científica» y las ciencias naturales; por la «ciencia positiva» en suma. La sustitución de la filosofía por las ciencias particulares, una tarea histórica inderogable, es también frontal y total. No habrá (no debería haber) en el futuro un espacio lógico propio para la filosofía. Pues «tras

[11] La crítica marxista de las ideas tradicionales conduce, como en Feuerbach o en los positivistas franceses, a un humanismo de nuevo cuño. Cfr. Y. Calvez, «Humanismo comunista y ateísmo», en *El pensamiento de C. Marx*, Madrid, F.C.E., 1966, pp. 594-622.

la exposición positiva de la realidad, pierde la filosofía autónoma su medio de existencia», se trate de «filosofía de la historia» o de la «naturaleza». De la filosofía sólo queda, por inercia, el nombre.

Se cierra así en Alemania, de forma provisional pero drástica, el círculo que el espíritu positivo había comenzado a trazar proclamando el final de la época filosófica a favor del advenimiento de la científica. Se cierra reivindicando la sustitución de la filosofía por ciencias positivas, histórico-críticas e intervencionistas. Sus representantes no desterraron la palabra *filosofía*, como se pretendía a veces en Francia, pero sí «trasformaron su significado» (Baumer 1985, pp. 292; pp. 307-308).

Tampoco se conformaron con un naturalismo genérico como hacía el positivismo inglés o abiertamente determinista como el francés. Como se había volado tan alto sobre las alas del espíritu absoluto, se acabó asumiendo también posiciones expresamente materialistas. Marx y Engels pudieron comprobar cómo Feuerbach asumía la tarea de explicar la historia humana no desde o por el «espíritu», sino desde las condiciones materiales. Paralelamente, la propia noción de «espíritu» se desenmascaraba como una más, aunque muy destacada, de las producciones humanas; en concreto, como una ideología que cumplía la nada inocente función de encubrir la verdadera realidad histórica. A esta posición ilustrada o desengañada de la historia de las ideas, proveniente de Feuerbach, Marx unió los conocimientos que recibía de sociólogos y economistas de la época, lo que le permitió pasar de la crítica conceptual a la crítica histórico-material de los conceptos y las instituciones. El resultado era una concepción naturalizada de la historia humana de claro sesgo materialista. La historia se rige por leyes, pero estas leyes no son *vestigia* del espíritu o la razón desplegados en el tiempo. Son, por el contrario, meras regularidades inferidas *a posteriori* de los hechos históricos. Estos hechos muestran ciertamente una evolución movida por conflictos cuya lógica respondería a la dialéctica hegeliana de la negación de la negación. Pero la materia real de estos conflictos y la fuerza que los anima es la economía. De ahí que toda la historia, incluida la de las ideas y creencias y, por supuesto, la de las instituciones humanas, no sea sino el resultado de «relaciones económicas». El conocimiento de estas relaciones no sólo desplaza o neutraliza el valor explicativo de conceptos como voluntad, razón o conciencia; en realidad, esas relaciones y sus concreciones históricas *son* objetivamente la conciencia humana (Marx, «Prefacio» a *Crítica de la economía política*, 1859). En suma, la historia no es producto de la conciencia, sino que ésta es una producción de los hechos históricos. En este sentido es materialista esta concepción de los hechos históricos. Pero, como ya he sugerido, este materialismo es compatible con un humanismo de nuevo cuño. Pues se pretende que conocer esos hechos, conocer sus leyes materiales, permitirá su control y contribuirá a evitar la alienación o pérdida de autonomía de la conciencia, o lo que es lo mismo, contribuirá a evitar que los individuos concretos sigan siendo sujetos pasivos e instrumentalizados de los procesos histórico-materiales.

Desde la perspectiva actual, ciertos rasgos del positivismo como la confianza ciega en la experiencia y en la bondad sociocultural de la ciencia o sus extrapolaciones, pese a todo metafísicas, favorables a un materialismo a veces primario, han de parecer demasiado ingenuos o inanes, cuando no peligrosos como en las utopías comteana y marxista. Pero, paradójicamente, tal vez sea su mayor virtud el haber exigido menos del conocimiento a cambio de más rigor. Esto ha dado lugar a que la historiografía filosófica nostálgica de las grandes viejas ideas, criticadas ya por Hume y Kant y restauradas por el idealismo postkantiano, haya visto en el siglo XIX, precisamente por su talante positivista, un época insustancial, espiritualmente pauperizada. El mundo habría venido a ser «más ordinario» (Löwith 1968). Ocurre sin embargo que los hechos de la historia de la conciencia humana –no es necesario seguir a Hegel para aceptar esta trivialidad– tienen siempre razón *a posteriori*, pues son los hechos de la razón. El positivismo es parte de ellos. Por eso constata Löwith que el «signo de la finitud y de la materia» se ha convertido de hecho en «el punto de vista absoluto del tiempo en que todos nos novemos ahora». Pero esto significa, dicho en términos no especiados de fatalismo histórico-filosófico hegeliano, que habría sido o improbable o infundado el diagnóstico cultural secularizado y secularizante hecho por un espíritu receptivo como el de Nietzsche si a) no hubieran mediado antes las ideas de un humanismo naturalista, reactivo frente al idealismo y defendido por las distintas formas del espíritu positivo, y si b) entre las realizaciones históricas de ese espíritu no hubiera destacado tanto la profunda mutación de la imagen del mundo ocasionada por las ciencias de la naturaleza a lo largo del siglo XIX.

Al menos en este segundo contexto forman positivismo y darwinismo parte de la misma historia.

Positivismo y darwinismo: hechos y hechos teóricos

Queda dicho que si todos los comteanos son positivistas, no todos los positivistas son comteanos. El positivismo es parte del espíritu de una época que confía más en el análisis racional de hechos que en los grandes vuelos especulativos de la metafísica. Un protagonista destacado de este espíritu y su época es el *darwinismo*[12]. Ello justifica que se le considere (Störig 1995, pp. 531 ss.) como una variante del positivismo inglés. Incluso quienes como M. Ruse (1979) creen detectar

[12] «Darwinismo» (cfr. Kohn 1985, Mayr 1995, Tort 1996, vol. I, Weber 2002) designa comúnmente la teoría de la evolución desde Darwin hasta hoy y extensiones de ella, más o menos justificadas, a ciertos campos de las ciencias humanas. Aunque aquí no me ocuparé de esa historia global, utilizaré

algunas máculas especulativas en el darwinismo inicial, antes de que viniera a ser una teoría «completa» gracias a la inclusión de las leyes de Mendel, sostienen que el darwinismo no es separable del «declive del idealismo y del surgimiento del empirismo» del siglo XIX (Ruse 1983, p. 271).

Como en general todo el empirismo inglés, Darwin tiene una idea poco dogmática y tanto más realista del método científico y de la contingencia histórica de las teorías:

> Si [mi teoría] es verdadera o falsa, deberán juzgarlo los demás; porque la convicción más firme de un autor sobre la verdad de su teoría no parece, por desgracia, garantizar mínimamente esa verdad. (AB, p. 285)

Pero para mantener esta distinción crítica entre verdad y certeza, que todavía el fundamentalismo cartesiano había creído poder suprimir, Darwin propone seguir principios que, siguiendo una de las consignas positivistas, denomina «baconianos».

Es posible que muchos científicos del siglo XIX fueran ingenuos (aunque no más que los filósofos que teorizaban sobre el método científico) respecto de su propia actividad al tender a considerar que ésta podía desarrollarse sobre lo que en la época se tenía por «principios baconianos» puros, esto es, partiendo de un protocolo neutral de los «hechos positivos». Pero la actitud que subyace a esa programática fidelidad a los hechos no es tan ingenua como algunas declaraciones de principio, convertidas en lugares comunes, pudieran dar a entender. Hemos visto que se trata de un programa de sesgo profiláctico orientado a neutralizar prejuicios teóricos que pudieran distorsionar injustificadamente el conocimiento y la interpretación de los hechos. El descubrimiento (hecho en parte gracias al rigor con el que los neopositivistas del siglo XX discutieron la relación entre teoría y observación) de que en la práctica no se pueda evitar todo prejuicio teórico no excluye que se pueda evitar alguno ni mucho menos incita razonablemente a pensar que no se *deba* evitar ninguno. No parece por eso descabellado propugnar que sea útil al conocimiento reforzar las instancias metodológicas con miras a obtener la mayor información empírica posible sobre el objeto de estudio con la menor carga teórica posible.

Si los positivistas del siglo XIX hubieran conocido los mejores argumentos, y los mejores son empíricos[13], para asumir que no hay de hecho experiencia sin carga teó-

---

«darwinismo» y «darwinista» para referirme a aspectos nucleares, expresos o implícitos, de la teoría propuesta por Darwin. Sólo cuando el contexto se preste a equívoco utilizaré el adjetivo «darwiniano/a» para designar lo que es atribuible a Darwin pero no a la historia posterior de su teoría.

[13] Los argumentos tal vez más contundentes son precisamente los derivados del conocimiento de la historia evolutiva de nuestra especie (Pacho 1995, pp. 101-164).

rica, entonces habrían sin duda adoptado esta máxima programática: tanta observación como fuera posible y sólo tanto prejuicio teórico (o metafísico) como fuera inevitable. En cualquier caso, Darwin intentó ser consecuente con esa máxima, que es favorable a la libertad y a la innovación conceptuales. La historia de la gestación del evolucionismo en general y del darwinismo en particular nos mostrará que quienes menos la respetaron fueron también los menos aptos para aceptar la nueva teoría.

Las relaciones formales entre la estructura de la teoría de Darwin y el positivismo o empirismo en general, y los principios metodológicos de Mill en especial, han sido estudiados con detenimiento (Fr. Wilson 1991; Mayr 1982; Ruse 1983; A. Moya 1989; Sober 1994 y 1996). Wilson sostiene que el darwinismo es una teoría «progresivamente empírica», aunque con algunas lagunas parciales. Se distancia por tanto de las interpretaciones del darwinismo como teoría «hipotético-deductiva» (Ghiselin 1969; Ruse 1979). Esta discusión sobre la estructura formal de una teoría científica tan destacada en la historia del conocimiento es valiosa para la teoría general de la ciencia que entretiene a los filósofos. Pero no estaría de más conocer la opinión de quien construyó la teoría:

> Desde julio de 1837 trabajé sobre verdaderos principios baconianos y, sin ninguna teoría, empecé a recoger datos en grandes cantidades. (AB, p.86)

Esta descripción, concerniente al método de investigación seguido, reproduce sin duda la actitud científica dominante en la época y, en la selección del vocabulario, también un lugar común del positivismo. Pero el darwinismo es mucho más que una variante del positivismo, incluso cuando frecuenta sus lugares comunes.

Hemos de ver cómo la teoría evolucionista no hubiera sido posible sin la acumulación casi obsesiva de datos empíricos provenientes de múltiples ciencias a cargo de varias generaciones. El propio Darwin se sorprende de la cantidad de datos que ha podido procesar durante el período de gestación de la teoría (AB, 86). Por supuesto, entre estos datos procesados se encontraban también las obras científicas disponibles, sin excluir, como veremos, aquéllas que eran contrarias a la hipótesis evolucionista. En cuanto a los datos empíricos, Darwin subraya una y otra vez que los hechos de la experiencia sólo le son útiles a quien tiene preguntas que hacerles. Incluso se sorprende de que no todos entiendan que «toda observación, si ha de servir para algo, tiene que hablar en contra o a favor de una idea» (*More Letters*, 1903, I, p. 176). Es una forma de decir que los hechos son cognitivamente relevantes cuando se comprende el lugar que ocupan dentro de un marco teórico. Esto puede parecer una trivialidad, pues, después de todo, proponemos teorías porque esperamos poder explicar mediante ellas los hechos, no a la inversa. Pero Darwin sostiene incluso que la actividad observacional está tan subordinada a la actividad teórica que «sólo quien es un buen teórico puede ser un buen observador» (*ibid.*, I, p. 195).

Si se compara el *Diario* de Darwin a bordo del *Beagle* (Darwin [1839] 1992) con el diario del capitán Cook en su viaje alrededor del Antártico se comprueba cómo una mente poblada de conocimientos teóricos ve más y mejor que la que sólo se interesa por cuestiones logísticas. Sorprende ya la diferencia de sustancia y sensibilidad, pero lo más llamativo es la insaciable curiosidad intelectual de Darwin, a cada paso alimentada por una enorme erudición multidisciplinar de naturalista. Su percepción del paisaje es siempre intelectual. Darwin no disfruta del paisaje porque lo ve, sino porque lo entiende.

Los hechos empíricos le hablan de complejas y antiquísimas historias cuyos protagonistas son la geología, la fauna y la flora. Una simple línea de «rocas blancas» en la costa de Chile le permite entender la historia de erupciones, sedimentaciones y hundimientos de un paisaje volcánico, y la idea de escribir un libro contando estas historias le hace «estremecer de gozo» (AB, p. 72). Por supuesto, esta percepción intelectual del paisaje no hubiera sido posible sin la lectura de la mejor obra entonces disponible sobre geología y que lleva en el equipaje: los *Principios de geología* (1830-1833) de su íntimo amigo Charles Lyell (1797-1875). Darwin, por su bagaje teórico, está sin duda en unas condiciones inmejorables para resolver los problemas que constantemente él mismo, a la vista de los hechos, se plantea durante el viaje. Muchas de las originales preguntas que se hace gracias a sus vastos conocimientos (comparando por ejemplo la morfología de especies que descubre con las que conoce de sus lecturas, o proyectando la geología histórica de Lyell sobre la fauna y la flora que observa) conducen casi naturalmente a la hipótesis evolucionista. Pero es también claro que sin la enorme información, empírica y teórica, disponible en su mente, su despierta curiosidad no habría servido de nada. En realidad, esta curiosidad se alimentaba de esa información. Y si algunos contemporáneos podían disponer de más información que Darwin, nadie o muy pocos estaban *mejor* informados. No obstante, su capacidad para relacionar sagazmente la información disponible mediante pautas y preguntas adecuadas habría sido también inútil si no hubiera tenido acceso a nuevas informaciones que le aportaban ejemplos y contraejemplos para depurar su argumentación y, sobre todo, para establecer nuevas pautas y preguntas. La experiencia intelectual de Darwin muestra que si es acertado decir que en las ciencias naturales no hay hechos sin teoría, no lo sería menos decir que no hay teoría sin hechos.

Como no podía ser menos, el evolucionismo surgió de un largo, casi ancestral debate de ideas. Pero también de una actitud intelectual en la que el interés por el conocimiento humilde de hechos y regularidades de la naturaleza se anteponía al conocimiento de esencias y causas últimas, como se decía expresamente en el ideario positivista. Esta actitud, pese a su pretendida discreción, podía no obstante tener serias implicaciones. Se predisponía por ejemplo a aceptar que a cambio de explicar la curvatura del pico de un pinzón hubiera que modificar la noción de especie. (Aristóteles no se habría atrevido a hacerlo ni a cambio de la nariz de Sócrates.)

La historia del evolucionismo darwinista muestra que el declive del idealismo a favor del empirismo a lo largo del XIX no sólo se explica por un cambio de procedimientos, sino de actitudes teóricas; si fuera necesario irreverentes con las grandes ideas de la tradición metafísica. El pico de un pinzón podía acabar valiendo más que una idea eterna como la de «especie».

Este modo de proceder puede sin duda asociarse al espíritu positivo. Pero hay al menos dos rasgos distintos. En primer lugar, el positivismo, más que una explicación del mundo, es un programa sobre cómo hacerlo; el darwinismo es una explicación del mundo hecha con ciertos trazos del programa positivista. Por ello mismo, el darwinismo es, en segundo lugar, menos especulativo, y desde luego menos visionario que cierto positivismo. Ambos operan, como el romanticismo, con una noción desarrollista de la realidad. Pero esto es una coincidencia superficial. Según el testimonio de la época (Fouillé 1896, p. 13), «la segunda mitad de nuestro siglo es evolucionista», y el evolucionismo es a la vez percibido como «positivismo dinámico». Ciertamente, para la filosofía positiva es el conocimiento el que evoluciona hacia ciencias como la biología evolutiva, y su evolución es progreso de la razón humana, de la cultura; en el evolucionismo biológico son las especies las que evolucionan, pero su evolución, si es en algún dudoso sentido progreso, no es progreso de razón alguna. «La razón gobierna el mundo, de suerte que también en la historia del mundo las cosas han sucedido racionalmente», había defendido Hegel en *Vorlesungen übe die Philosophie der Geschichte* (1837). El entusiasmo positivista podía asumirlo; el darwinismo en cambio acabará explicando el mundo orgánico sin presuponer que esté gobernado por la razón. Es no obstante el análisis de humildes hechos como el pico del pinzón o la charnela del bivalvo lo que conducirá a ello; y en ello vuelven a converger el programa positivista y la teoría darwinista.

Habrá ocasión de comprobar que, en la fase final del debate que alumbra la hipótesis darwinista, el descubrimiento de hechos empíricos formaba parte de la actividad teórica y de sus soluciones. Por lo general, cuando el descubrimiento de hechos solucionaba un problema, esta solución planteaba otro nuevo, de mayor calado, y su solución exigía a su vez más información empírica. Ésta, a su vez, exigía de nuevo más audacia teórica. Y la audacia teórica equivalía a desprenderse de ideas profundamente arraigadas en la mente humana, de prejuicios conceptuales que, dirá Darwin, pesan «como una losa».

La hipótesis darwinista fue sin duda la más audaz y revolucionaria de las ideas del siglo XIX. Su superación del desconcierto intelectual heredado desde la Antigüedad ante el problema del origen de las especies, desconcierto no evitado por las hipótesis hasta entonces disponibles, todas demasiado «metafísicas» en el sentido peyorativo del término, representa un logro (en parte culturalmente inesperado, e incluso rechazado por algunos positivistas como Mill) del programa y el espíritu «positivo» de la época. Darwin muestra ser fiel al aspecto más crítico de la teoría «baconiana» de la ciencia, el que consiste en interrogar a la naturaleza con el menor número posible de prejuicios o, como Francis Bacon había dicho, sin «anticiparse a la naturaleza» (*Novum organon*, Lib. I, § 26-31). Pero no sólo dice haber seguido «principios baconianos» y haber trabajado «sin teoría», lo que en términos absolutos es sin duda erróneo, sino que, después de haber vislumbrado el núcleo de su teoría, decide no escribir ni una línea a su favor para «evitar los prejuicios» (AB, p. 87). Y si Darwin es consciente de estos rasgos particulares de su propia actitud metodológica, tampoco ignora, en sintonía con el espíritu positivo de sus contemporáneos, aspectos más «filosóficos» del conocimiento en general y de la función que frente a ellos puede o debe cumplir la ciencia y que alientan en su sobra:

> Estudiar [las cuestiones de] la metafísica en la forma en que se ha[n] estudiado hasta ahora me parece que sería como si se quisiera saber algo de astronomía sin la mecánica [i.e. la física]. La experiencia enseña que el problema del espíritu no puede ser resuelto asaltando la ciudadela. (Notebook 1838)

Estas ideas, consignadas por Darwin en 1838, año en el que descubre el núcleo de su teoría, podrían ser sin duda suscritas por la mayoría de los positivistas, tanto ingleses como continentales. Pues vienen a reforzar el convencimiento de que no hay problema relevante que escape en principio a la investigación científica. Ciertamente, Darwin retomará expresamente la idea de Newton de que las ciencias naturales no conocen las «esencias» de los fenómenos que explican (OE, p. 563). Pero la renuncia al conocimiento de las esencias, como sabemos parte del ideario positivista más canónico, es ya en el darwinismo poco más que una coartada para no pronunciarse sobre la obsolescencia y, en cualquier caso, la inutilidad de ese tipo de conocimiento del que se carece. Tendremos ocasión de comprobarlo a propósito de la noción darwinista de «especie».

Por supuesto, la connivencia entre el darwinismo y el positivismo no se agota en cuestiones de método. Más arriba he destacado la carga naturalizante y naturalista de la actitud teórica positiva. Randall Jr. (1976, p. 459) sostiene que la revolución biológica del siglo XIX «es en conjunto naturalista» al insertar al hombre por completo dentro de la historia natural. Pero advierte que, en sus resultados a largo término, esa biología es también «humanista», pues se desprende de la idea de una naturaleza dependiente solamente del Creador, sus leyes y sus designios, y adopta otra en la que el hombre se hace consciente del entorno natural como algo consustancial a su propia condición. Más adelante se hará ver de qué inesperada forma se concretiza este rasgo humanista en el propio Darwin.

Pocas teorías han sido tan duramente criticadas como el darwinismo, desde dentro y desde fuera de la biología. Pero hasta sus críticos conceden que Darwin ha conseguido instaurar un nuevo paradigma en biología. E. Mayr (1985, p. 772) considera que «no hay ninguna justificación para pensar que el paradigma de Darwin haya sido refutado y deba ser sustituido por algún otro. Parece casi milagroso que Darwin se acercara en 1859 tanto a lo que sería considerado válido 125 años más tarde». También Fr. Wilson (1991, p. 299) sostiene que el paradigma de Darwin sigue vigente. Pero en eso, precisa, no habría nada de milagroso, pues Darwin, mediante una argumentación magistral, habría dado lugar a lo que Th. S. Kuhn denomina «dogma» en su teoría sobre *La estructura de las revoluciones científicas* (1962). Esto no es una crítica, sino una forma de significar que los científicos posteriores tenían buenas razones para considerar, «si entendemos razón en términos empiristas o positivistas» (Wilson, *ibid.*), que la teoría del origen de las especies mediante selección natural contenía una guía fiable para las investigaciones biológicas. En cualquier caso, todas las críticas hechas hasta ahora a la teoría que instaura este dogma, de impronta positivista o no, habrían sido «insustanciales» (ib.). Y este hecho se antoja tanto más sorprendente si se toma en consideración que hay pocas cosas, en la tradición de las ideas o en la experiencia cotidiana, que favorezcan la aceptación cultural de la idea de la evolución primero y de su explicación por causas naturales después.

II
La revolución darwinista

Un viejo e inevitable problema

La existencia del universo es uno de los problemas que con más derecho intrigan al entendimiento humano. Junto a él, y no es del todo separable, figura un segundo problema: puesto que existe algo, ¿por qué todo lo que existe no es uno? Este segundo problema engloba varias cuestiones: ¿por qué hay tal variedad de cosas, animadas e inanimadas, poblando el mundo?; es decir, ¿cuál es el origen de la multiplicidad de diferencias? De otro lado, ¿por qué esa mutiplicidad alberga innegables correlaciones, semejanzas, analogías, adecuaciones mutuas, interdependencias que hacen que la inacabable variedad de singularidades no constituya un conjunto caótico? Estos son algunos de los aspectos más generales del segundo problema. Aplicado a los seres vivos, este problema equivale a preguntar por el origen de las especies que conocemos, incluido por supuesto el género humano. ¿Quién ha creado las especies existentes o cómo se han generado?; ¿porqué no hay una sola especie y por qué se agrupan los individuos en especies?; ¿cuál es la causa de la diversificación de las especies y de la agrupación de los individuos bajo ellas?

Estas preguntas interesaron la curiosidad intelectual humana ya desde las culturas arcaicas, y ninguna de ellas quedó sin respuesta. Pero la curiosidad humana es difícil de satisfacer, y, a medida en que el problema iba ganando en precisión, se exigían respuestas más ambiciosas y también más atrevidas.

Tras varios milenios de soluciones simples, casi siempre creacionistas, muy genéricas y conceptualmente poco ambiciosas, el problema adquirió cierta claridad y precisión en torno a 1800. Esto ocurrió cuando algunos naturalistas asumieron que explicar la diversidad de seres vivos y sus correlaciones equivalía a encontrar una teoría que explicara el origen de las especies por causas naturales. A la vez se dieron cuenta de que una teoría así tenía que estar en condiciones de explicar cómo la naturaleza sola produce sistemas tan complejos y adaptados al entorno como el ala de las aves, la nariz de los camélidos o el ojo de los mamíferos. Si se conseguía entender esto se tendría también una explicación para el origen de las especies por causas naturales. La cuestión abstracta o «metafísica» sobre el origen y significado de la diversidad y la diferencia adquiría así contenidos precisos que involucraban a un conjunto de ciencias particulares. Cuanto más se progresaba sobre esos contenidos interdisciplinares, más claro era el perfil del problema a abordar. Pero también, al conocer mejor y más de cerca los rasgos de este perfil, se apercibían dificultades desconocidas. La solución del problema exigía cada vez más audacia conceptual.

La idea genérica evolucionista es parte de los esfuerzos por resolverlo. La versión darwinista es el primer intento evolucionista no teológico ni meramente especulativo. Su amplia base empírica y su coherencia con el resto del conocimiento disponible en otras ramas de la ciencia no ha cesado de crecer desde su formulación. Esto la diferencia de otras alternativas previas o concurrentes. Pese a ello, apenas han disminuido de forma socioculturalmente perceptible las dificultades conceptuales que hubieron de ser superadas para su gestión histórica.

Eso se debe a que son muchas las evidencias establecidas, empíricas y conceptuales, en su contra. Pero la historia de la ciencia es la historia de las evidencias que han dejado de serlo. El evolucionismo muestra que su historia es también la de los puntuales fracasos del error enmascarado de verdad. Es una historia parcial del desengaño antes que la historia victoriosa de la verdad. Pese a sus múltiples fracasos, el error tiene ciertamente a su favor que nada permite conocer de antemano el número, el alcance y el lugar de sus fuerzas. Sin embargo, el evolucionismo darwinista parece haber neutralizado uno de sus arsenales más seguros y valiosos.

Una «atrevida aventura» de la razón sobre una idea culturalmente improbable

Por supuesto, la teoría moderna de la evolución ha sido creada. Su creador es la historia del conocimiento humano. Y de pocas de sus creaciones puede esta historia estar tan orgullosa, pese a la humillación que para la autoimagen humana suponía aceptar algunas de sus implicaciones. Pues esa historia estaba llena de enormes dificultades. Y muchas de ellas se fortalecieron con la evolución de la cultura.

La aparición en la cultura humana de una teoría como la de la evolución por selección natural era tan poco probable como lo era que de la materia inorgánica, sin actuación de un diseño inteligente, surgiera tanto orden, y tan complejo y estable, como el que exhibe la existencia de las especies animales que hoy pueblan la tierra. Las múltiples razones a favor de lo absurdo de esta idea, que el evolucionismo moderno propone hacer «razonable», son las mismas que hacían de ella una idea culturalmente improbable. Comenzó a dejar de serlo cuando la masa de información acumulada por la insaciable curiosidad del entendimiento humano, que los antiguos caracterizaron como *libido sciendi* y que Séneca diagnosticó como «enfermedad griega» (*morbus graecus*), fue mermando la obviedad de las alternativas disponibles.

Immanuel Kant (1724-1804), un pensador afectado por el *morbus graecus* con contrastados síntomas de cronicidad, pudo contemplar ya a finales del siglo XVIII una idea tan descabellada con cierta complacencia, pero también con completo pesimismo respecto de que algún día pudiera llegar a dejar de serlo. En la *Kritik der Urteilskraft (Crítica del juicio)* (KU, 368) sostiene que «la concordancia de tantos géneros animales en un cierto esquema común» parece evidenciar la existencia de un diseño (*Grundriss*) cuyas modificaciones, «por disminución y ampliación, envolvimiento y desenvolvimiento, habría producido la multiplicidad de especies». Los datos disponibles a favor de este diseño común, constatable en las semejanzas morfológicas y fisiológicas, favorecerían por tanto la hipótesis evolucionista. Pues «esa analogía de las formas, en cuanto que, pese a su diversidad [entre las especies], parece haber sido producida según un común patrón original (*Urbild*), refuerza la conjetura, mediante una aproximación gradual de unos géneros de animales a otros, de un parentesco real entre ellas». Una conjetura así, dice,

> hace caer sobre el ánimo un rayo de esperanza, bien que débil, acerca de que aquí se podría emprender algo con el principio del mecanismo de la naturaleza, sin el cual no puede haber ciencia natural en absoluto. (KU, 368)

Y precisa:

> Podemos denominar a una hipótesis de este tipo [i.e., la evolucionista] *una atrevida aventura* de la razón; y serán probablemente pocos, incluso entre los más clarividentes científicos, a los que no les haya rondado alguna vez por la cabeza. Pues no es insensata [...] No es, a priori, contradictoria. Tan sólo la experiencia no muestra ningún ejemplo de ella. (KU, 370)

Ciertamente, la experiencia, al menos la experiencia corriente, no muestra cómo la naturalaza genera organismos vivos mediante leyes mecánicas. Y menos aún ofrece evidencias de que las especies den lugar otras especies. Más bien acumula abrumadoramente las evidencias en contra: siempre los descendientes de una especie pertenecen a la misma especie. Y, si no hay experiencia alguna de ello, más absurdo aun sería pensar que leyes mecánicas ciegas generan nuevas especies. Sin embargo, Kant supone que habrá pocos científicos que, por circunspectos que sean, no hayan experimentado la seducción de esa aventura, y tácitamente sugiere que, si hubiera apoyos empíricos, habría alguna razón para embarcarse en ella.

Pero la falta de apoyo empírico no es la única dificultad que Kant encuentra para abordar con éxito esta atrevida aventura. Hay una razón que debilita tanto ese rayo de esperanza para confirmar la hipótesis evolucionista que si no desautoriza por imposible dicha hipótesis, sí hace al menos más razonable ser extremadamente pesimista frente a ella:

> Es completamente seguro que no podemos conocer suficientemente, y mucho menos explicar, los seres orgánicos [...] solamente mediante principios mecánicos; tan seguro que ya se puede decir [...] que nunca podrá surgir un Newton que haga comprensible siquiera el surgimiento de una brizna de hierba mediante leyes naturales que ningún designio ha establecido. (KU, 338)

El pesimismo respecto de que pueda haber «un Newton» que haga en la biología lo que éste hizo en la física está basado en el convencimiento de que la existencia de la naturaleza *orgánica* exigiría, por las características que exhiben los organismos, presuponer fines, esto es, un «designio» (*Absicht*). Inversamente, la esperanza de poder hacer algo en biología sirviéndose de los procedimientos, y con el éxito que les caracteriza, de la obra de Newton en la física, implicaría admitir que los organismos vivos pudieran ser explicados mediante causas naturales, esto es, sin recurrir a diseños preconcebidos o causas finales. Pero Kant asume que la noción de organismo y la noción de diseño preconcebido no serían separables al suponer que ni una brizna de hierba podría ser explicada sin conocer el «designio» que la existencia de sus estructuras orgánicas obligaría a aceptar.

Kant une en consecuencia la noción de orden o *diseño* (que exhiben los organismos vivos) a la de *designio*. Al hacerlo obedece fielmente a una de esas ideas que David Hume (1711-1776) había considerado típicas de lo que denomina «creencias naturales». Una de éstas, por lo demás básica para las concepciones religiosas del mundo, aunque no sólo para ellas, sería precisamente creer que la naturaleza es portadora de un diseño y que este diseño remite, de manera inexcusable y directa, a la existencia de un diseñador último.

Habrá ocasión de comprobar cómo, esta, según Hume, natural actitud de nuestra mente, actitud proclive a ver designio en el diseño que exhiben los organismos vivos es, desde la Antigüedad, la mayor la dificultad que encuentran los filósofos y científicos que se arriesgan a explicar la existencia de las especies por causas naturales.

El Kant más ilustrado puso, es verdad, cierta sordina a la legitimidad de las explicaciones finalistas en biología. (Sobre el alcance de esta sordina crítica no hay consenso hermenéutico, a causa de la borrosidad que muestran los textos kantianos; las propuestas para acomodar la posición de Kant en un mundo conceptual en el que los seres vivos se expliquen sin fines son tantos y tan imaginativos como dispares entre sí.) Pero que un pensador tan crítico como él para con las ideas que vayan más allá de la experiencia no se desprendiera por completo de la noción de «designio» y fuera en su nombre tan pesimista respecto de la posibilidad de explicar el orden de la naturaleza orgánica recurriendo a causas meramente naturales, como, según él mismo, debería hacer la hipótesis evolucionista, es un indicio de las escasas probabilidades con las que esta hipótesis contaba para llegar a ser, siquiera en círculos ilustrados, parte del acervo cultural.

Hay, sin embargo, un amplio consenso en que el evolucionismo darwinista tiene los vientos de la época tan a su favor que la publicación de la obra central de Darwin (OE [1859]) debería ser considerada no como un hito en la historia de las innovaciones científicas, sino sólo como el símbolo visible de una nueva concepción del mundo gestada desde mediados del siglo XVIII en torno a la idea de progreso (Randall 1976, p. 461). Randall reproduce así la idea comúnmente aceptada de que de un lado el racionalismo ilustrado, por «su naciente énfasis en el progreso», y de otro el romanticismo, por su exaltación del «desarrollo en el tiempo como el hecho fundamental en la experiencia humana», habrían «pavimentado la vía para la formulación con éxito de la evolución en biología» (*ibid.*). Además de estos dos factores ideológicos habría otros de tipo social, tales como el profundo cambio de las instituciones humanas en el ámbito industrial, económico y político. Estas experiencias humanas habrían «conspirado para popularizar la idea del desarrollo y sus corolarios». Todo ello habría constituido un estado de la civilización moderna dominado por «la idea de Cambio y Desarrollo Continuo y reforzado poderosamente por las razones científicas para hacer de ella una idea básica» (p. 490). Y, ciertamente, el hecho de que en 1858 dos autores, Charles Darwin y Russell Wallace, la formularan simultánea e independientemente es un fuerte indicio «de que las ideas de Darwin estaban, por así decirlo, en el aire» (Grassé 1966, p. 165). Pero esto no demuestra en rigor sino que el evolucionismo se había vuelto inevitable en ciertos círculos.

En el romanticismo, especialmente en el alemán, está ya incoado el espíritu historicista al que ya se ha hecho alusión al hablar del positivismo. En principio, este rasgo del entorno cultural es sin duda favorable al evolucionismo. Pero el historicismo romántico trabaja, y no sólo en Alemania, sobre una noción de historia cuyos sujetos son colectivos identitarios, individuados por la unión sustancial de lengua, religión, cultura y experiencias históricas que se concretiza en el «espíritu del pueblo» (*Volksgeist*). (El sentimiento romántico no es universalista, sino que va ligado a un entorno cultural concreto, y la loa de sus particularidades es una de sus características.) Ideas así, defendidas por ejemplo por Johann Gottfried Herder (1744-1803), harán que el romanticismo alemán sea inseparable de la reflexión sobre el espíritu nacional alemán (*der deutsche Geist*) realizada bajo el supuesto de que la historia de los pueblos es ante todo la historia de los procesos de formación de una conciencia colectiva identitaria. Es claro que esta actitud representa una reacción frente al espíritu universalita de la Ilustración, al que interesaba la formación de la conciencia «humana», no la de tal o cual cultura. La historia es aún para el romanticismo la historia del espíritu, aunque éste haya de porcionarse en cantidades e identidades discretas; y su evolución es ante todo la de la conciencia. No extrañará por eso que la historia posterior de las ideas haya mostrado que el romanticismo del siglo XIX es una de las fuentes ideológicas del relativismo cultural del siglo XX. Y es un hecho significativo para nuestro contexto que el obstáculo conceptual más serio para seguir asumiendo ese relativismo cultural ha sido y está siendo en nuestra época la admisión de ciertas implicaciones del evolucionismo biológico en la imagen del hombre y de la cultura[14]. El historicismo romántico no podía ser de gran ayuda para el nacimiento de una teoría cuyo evolucionismo era abiertamente naturalista.

Sin duda, las nociones de cambio, desarrollo y progreso (Bury 1971, Nisbet 1996) son rasgos característicos del paisaje conceptual de la época. Ya hemos visto cómo están presentes también en el credo positivista. Se trata de una de las herencias del racionalismo ilustrado que el idealismo y el romanticismo transforman en una nueva y dinámica concepción de todos los aspectos de la realidad. Adquiere la versión más atrevida, densa y especulativa en la filosofía de la naturaleza alemana *Naturphilosophie*[15]. Pero esa concepción histórico-desarrollista es como un prejuicio de la época, una filosofía latente a la que nada escapa. Y es verdad que hechos culturales como la religión, la filosofía y la ciencia, también afectados por esa concepción, forman todavía en el siglo XIX un todo difícil de desmembrar en las conciencias individuales. El propio Darwin estuvo imbuido de esas ideas románticas y religiosas (Weber 2002, pp. 82-87). Pero la cuestión es si Darwin llegó a su teoría gracias a ellas o a su pesar; si la versión darwinista del evolucionismo representa su triunfo o si, por el contrario, como resumirá la ampulosa retórica de Huxley en 1860, «teólogos ya exangües yacen en la cuna de la ciencia como serpientes estranguladas en la de Hércules».

Retóricas aparte, si se atiende a la historia concreta de la gestión conceptual del problema biológico y de su solución, no es fácil establecer un nexo significativo en-

---

[14] Este tipo de crítica al relativismo cultural está siendo desarrollado con creciente fuerza. Cfr. por ejemplo D. E. Brown, *Human Universals*, Nueva York, McGraw-Hill, 1991; R. Sandall, *The Cultural Cult, Designer Tribalims and Other Essays*, Colorado/Oxford, Westview, 2001. Especialmente significativo es el expreso proyecto de rescatar la «naturaleza humana» no privativa de cada cultura o época defendido por St. Pinker en *The Blabke Slate*, Londres, 2002.

[15] Análisis amplio de estos aspectos en O. Marquard, *Transzendentaler Idealismus. Romantische Naturphilosophie*, Colonia, J. Dinter, 1987. Frecuentes y eruditas incursiones en la *Naturphilosophie* del idealismo alemán en F. Duque, *Historia de la filosofía moderna. La era de la crítica*, Madrid, Akal, 1998.

tre las nociones filosófico-teológicas de desarrollo y la biológica de evolución. Sobre todo si se admite que el evolucionismo darwinista ha ocasionado una de las mayores «revoluciones intelectuales que dan forma a la imagen científica del mundo» contemporáneo (Randall 1979, p. 458) y si se añade a esto, como advierte perspicazmente Randall, que la revolución no se da en las implicaciones especulativas sobre el universo, sino en el cambio de naturaleza de la tarea científica y en la modificación de los esquemas conceptuales bajo los que pensamos el mundo.

En cuanto a las actitudes metodológicas y la comprensión general de la tarea científica sería muy atrevido extraer del idealismo y el romanticismo otra ventaja para el evolucionismo darwinista que la de la reacción contraria. Ya he destacado cómo, al menos en cuanto al método, el darwinismo puede ser considerado como una de las concreciones del positivismo en las ciencias particulares. Es evidente que la actitud metodológica ante la naturaleza de la que pudo favorecerse el evolucionismo es antes la propiciada por el espíritu positivo que la que propugnaba la especulación metafísica del romanticismo.

Algo análogo ocurre en cuanto a ciertos rasgos de la imagen del mundo y del hombre derivados de la admisión del hecho evolutivo y, sobre todo, de su explicación por causas naturales. Recuérdese que el darwinismo formaba por esta vía parte del naturalismo del siglo XIX, mientras que la concepción romántica de la naturaleza, transida por el espíritu hasta confundirse con él y éste con ella, no era precisamente compatible con las tomas de posición de sesgo naturalista. Esta compatibilidad debería buscarse más bien con las diversas manifestaciones del naturalismo filosófico, así como con la corriente estética, contraria al romanticismo, denominada naturalismo, y que, como hemos visto, tiene claros rasgos positivistas. El naturalismo filosófico propugnaba que todos los aspectos humanos, físicos, fisiológicos, psicológicos e intelectuales, deben ser encomendados exclusivamente a las ciencias naturales, lo cual no podía ser asumido sin naturalizar la propia condición humana.

Es innegable que la presencia de estas ideas hace al entorno menos hostil para la germinación de una teoría en la que, a la postre, también el ser humano había de aparecer como el resultado de la evolución natural. Lo cual implicaba dar razón de la existencia del ser humano sin presuponer proyecto o designio previo, sin «leyes *deliberadas*», dirá Darwin (AB, pp. 350-351), sin arquetipos provenientes de una inteligencia prístina, sin *vestigia Dei* o sin la semilla de un generoso y soberano espíritu dispuesto a enajenarse en la naturaleza y hacerla cómplice de su manifestación hasta llegar a la plena lucidez de la conciencia, como se postula en círculos idealistas y románticos. Estos eran algunos de los antiguos y modernos auxilios de la razón para explicar el diseño de la naturaleza (un diseño tan claro en la naturaleza orgánica y tan excelso en la naturaleza intelectual humana). Y tales supuestos sí estaban siendo minados por el espíritu positivista mientras se gestaba la hipótesis darwinista de la evolución natural de las especies.

No es que esos supuestos estuvieran a punto de ser abandonados por todo el entorno sociocultural y ya no soplara de cara el viento para admitir la evolución de las especies y, sobre todo, para explicarla por causas naturales. Simplemente, en algunos recodos del camino se forman pequeñas turbulencias favorables. Pero probablemente menos de lo que comúnmente se admite. De lo contrario, Darwin no se habría preguntado en 1859 «por qué, hasta hace poco tiempo, los naturalistas y geólogos contemporáneos más eminentes no creyeron en la mutabilidad de las especies» (OE, p. 39).

Pero, ¿no habría favorecido en algo a la idea evolucionista el entusiasmo romántico por las ideas de historicidad, cambio y desarrollo, sobre todo bajo sus múltiples y densas modulaciones a cargo del idealismo alemán?

Tomemos como ejemplo la influyente filosofía de Hegel. No es fácil determinar hoy, en lo que concierne a la relación entre hegelianismo y evolucionismo biológico[16], cuál de los dos se benefició más del otro. Es claro que el éxito de las ideas hegelianas abonó el terreno a la concepción evolucionista *in abstracto* en todos los ámbitos del conocimiento. También el evolucionismo biológico puede en principio haber sido favorecido por el pensamiento de Hegel a través de la destacada función que la noción de desarrollo ocupa en su conocida y densa filosofía de la historia y de la naturaleza. Se trata de una concepción general de la realidad dominada por la idea de que las cosas no son, sino que pasan por distintas «fases». Hemos visto cómo estas ideas animaron también las convicciones profundas del positivismo en torno a la idea de progreso. Sin embargo, y con independencia de que su filosofía de la historia fue mucho más influyente que su filosofía de la naturaleza, Hegel, cuando distingue de veras naturaleza y espíritu, nunca atribuye ni la causa ni la radicalidad de los cambios a la primera. Pensó ciertamente «la naturaleza como un sistema de peldaños» en el que cada nivel surge de otro inferior, pero esto no quiere decir que «el uno haya sido producido a partir del otro naturalmente, sino en la idea interna que constituye el fondo de la naturaleza» (*Enzyklopädie* 1830, «Naturphilosophie», § 249). Por eso no admitió cambios sustantivos en la naturaleza. Las «metamorfosis» (*ibid.*) son hechos que conciernen sólo a individuos concretos; no afectan a las estructuras profundas de la naturaleza. A diferencia de la creatividad consustancial al espíritu, la naturaleza, mero «epifenómeno», «exteriorización» o incluso «deshecho *(Abfall)* de la Idea» (*Enzyklopädie,* § 247-248), sólo exhibe una estéril circularidad: «En la naturaleza nada nuevo sucede bajo el Sol; por eso el espectáculo multiforme de sus transformaciones produce hastío. Sólo en las variaciones que se verifican en la esfera del espíritu surge algo nuevo»[17]. De ahí la inconsistencia de los

---

[16] Cfr. J. D'Hondt, «Le concept de la vie chez Hegel», en R.-P. Horstmann & M. J. Petry (eds.), *Hegels Philosophie der Natur*, Stuttgart 1986, pp. 138-150; W. Bonsiepen, «Hegels Auseinandersetzung mit der zeitgenössischen Evolutionstheorie», *ibid.*, pp. 151-174.

[17] W. Fr. Hegel, *Lecciones sobre la filosofía de la Historia Universal*, Madrid, Revista de Occidente, 1988, p. 118.

intentos, antiguos o nuevos, de atribuir a la naturaleza cambios que impliquen evolución de las formas naturales:

> Ha sido una torpe concepción de la antigua, y también de la nueva, filosofía de la naturaleza el contemplar [...] la transición de una forma natural [...] a otra como una producción real que, para hacerla más clara, se retrotrae a la oscuridad del pasado. [...] Ideas así, nebulosas, [...] como en especial el supuesto nacimiento de [...] los animales más desarrollados a partir de los más inferiores etc., deben ser evitadas por la consideración reflexiva. (*Enzyklopädie*, §149)

Polarizado por las ideas de origen (*Ur-sprung*) y finalidad (*Ziel*), el hegelianismo se diferencia radicalmente del evolucionismo en que propugna un despliegue, manifestación o exteriorización de algo que, siendo idea, siempre contuvo en sí la potencialidad y la lógica enteras de su propia plenitud. En el evolucionismo en cambio, ninguna idea precede a los hechos evolutivos. Sin querer hacer de ello una cuestión de nombres, y etimologías aparte, lo que se *despliega* no *evoluciona*; pues nada hay que desplegar o desarrollar en la evolución natural. Veremos cómo el evolucionismo supuso una revolución respecto de las inercias del pensamiento en la esquematización mental de la realidad precisamente por haber disociado las nociones de evolución y finalidad, las de diseño y designio. A este respecto, la filosofía hegeliana no constituía un apoyo cultural fiable. Si pudo contribuir a la aceptación del transformismo biológico, la genuina idea hegeliana de desarrollo, indisociable de la de una lógica prístina que «gobierna el mundo» desplegándose en la naturaleza y en la historia humana, no formaba parte de los aspectos del entorno cultural favorables a que surgieran y se propagaran las ideas darwinistas, sino de sus obstáculos. Obstáculos tan fuertes como el convencimiento de que un espíritu inteligente (*nous*, *Geist*) «es la causa del mundo» (*Enzyclopädie*, § 8), o que el conocimiento culmina cuando la filosofía comprende cómo «la razón que se conoce a sí misma se desdobla en espíritu y naturaleza» (§ 577). No son ideas apropiadas para superar la dificultad kantiana ante la posibilidad de explicar la evolución sin recurrir a la noción de «designio».

Muy difícilmente pudieron ser percibidas esas ideas por el entorno de la época como baluartes de una concepción secularizada del mundo. Puede no obstante objetarse que no son necesariamente incompatibles con el evolucionismo si se intercala la distinción entre causa primera (Dios) y causas segundas (leyes naturales). Ruse (1983, cap. 10) ha sostenido incluso que la teología de la época había favorecido la hipótesis evolucionista porque el diseño y la adaptación podían ser considerados como huellas del poder divino a través de las leyes naturales. De suerte que «la evolución, e incluso la selección, llegó tanto a causa de la religión como a pesar suyo» (*ibid.*). Pero el hecho es que «la religión era todavía la mayor fuerza de las posiciones no evolucionistas en los años treinta de 1800», pues proveía al hombre de un «estatuto especial» y atribuía «a Dios plenos poderes de diseño». Consecuentemente, los contemporáneos de Darwin estimaron que la explicación que éste proponía de la evolución «minaba la dignidad del hombre y no dejaba espacio para el designio de Dios» (*ibid.*). Es verdad que Linneo y Darwin acuden a la distinción entre causas primeras y segundas para hacer compatible su teoría con las creencias religiosas. Pero veremos que, en el caso de Darwin, el compromiso no fue ni sólido ni duradero.

Conocer en la naturaleza el «plan» del Creador constituyó sin duda una fuerte motivación para muchos naturalistas de la época. Sin embargo, como ocurrió con la idea ilustrada de progreso y la romántica de desarrollo, no pasó de ser un apoyo superficial. Como habrá ocasión de constatar a propósito del naturalista Cuvier, este apoyo se trocaba en obstáculo tan pronto como la explicación biológica prescindía de la noción de plan o diseño preconcebido y, en consecuencia, amenazaba con minar los argumentos en los que hasta entonces se basaban aspectos tan básicos de la imagen del mundo heredada como la dignidad humana y la racionalidad estructural de la naturaleza orgánica. Por eso, aunque enciclopedistas como Diderot (*Sur l'inteprétation de la nature*, 1754) habían aportado visiones favorables a la idea evolucionista, ésta seguía siendo improbable. El propio Darwin confiesa que su opinión inicial era que las especies son inmutables y que negarlo sería para él «como confesar un asesinato» (AB, p. 273). Fueron argumentos biológicos, no filosóficos, los que hicieron cambiar de opinión a los naturalistas. Aun así, el evolucionismo seguía siendo una idea improcedente para el entorno cultural de la primera mitad del siglo XIX mientras la evolución hubiera de ser explicada por causas naturales.

En suma, ni el romanticismo ni el idealismo pudieron contribuir a superar la dificultad conceptual avistada por Kant para explicar la naturaleza orgánica sin la noción de «designio». Para la solución del problema al final adoptada fue más eficaz la metodología positiva que la idea neoilustrada de progreso y las especulaciones románticas en torno a la idea de desarrollo. Si había un cierto clima favorable a las ideas genéricas de cambio, desarrollo o evolución, este clima sólo afectaba a la superficie conceptual. Tales ideas, que ayudaron sin duda a asumir el hecho evolutivo *en* la naturaleza, eran en su estructura profunda inanes, cuando no estorbos, para la gestión y explicación de la evolución por leyes *naturales*. La verdadera revolución científica, que acabará siendo también cultural, y que es la aceptación de que las especies actuales son el resultado de un proceso evolutivo de especies anteriores gracias al cual el diseño constatable en los seres vivos ha sido generado por causas meramente naturales, se da en y gracias a aportaciones de ciencias naturales como la fisiología y la morfología comparadas, la paleogeografía o la paleontología y a pesar de las dificultades filosóficas y teológicas culturalmente heredadas.

La historia que lleva a aceptar que las especies mutan y a explicar después su evolución por causas naturales representa sin duda una de las más atrevidas aventuras de la mente humana. Ambas ideas eran todavía en el siglo XIX (y aún después) culturalmente intempestivas. Pues son muchas las evidencias de la experiencia corriente en su contra y muy prestigiosa la herencia conceptual que se habían de revisar.

Tanto más sorprendente resulta que la mente humana se empeñara una y otra vez en una aventura tan atrevida, culturalmente tan improbable. A ello no incitaron grandes visiones surgidas *ad libitum*, sino hechos simples, pero excitantes para la curiosidad intelectual. Excitantes porque no concordaban con la presunción de que la naturaleza sigue un designio racional. Hechos de este tipo ya inquietaron en la Antigüedad. Teofrasto (372-287 a.C.) por ejemplo, discípulo de Aristóteles, se asombra de hechos tan humildes como la existencia de tetillas en los machos o el disfuncional desarrollo de la cornamenta de los cérvidos. Hechos así, y otros muchos inicialmente insospechados, pero en sí triviales, acabarán exigiendo un paradigma biológico tan innovador en sus supuestos que removerá los de la imagen heredada del mundo y del hombre.

Ancestros y evolución de la idea evolucionista

Eso ocurrió a finales del siglo XVIII e inicios del XIX en algunas mentes desconsideradas con las evidencias de la experiencia corriente, el sentido común y la tradición cultural. Fue el final provisional de una lenta y desigual evolución de las ideas y creencias acerca del origen de las especies que pueblan la Tierra.

Aspectos embrionarios de un cierto evolucionismo biológico se dan ya en la Antigüedad. Diversos avatares de la cultura posterior la harán simplemente impensable durante siglos. Sin embargo, las ideas biológicas de la primera mitad del siglo XIX eran ya tan favorables como para que dos autores, Darwin y Wallace, la formularan simultánea e independientemente en términos equivalentes. Lo cual es indicio de que la atrevida aventura a favor de una idea culturalmente improbable se había vuelto inevitable en ciertos círculos. El propio Darwin (OE, pp. 40-49) lo confirma al ofrecer una breve historia «de las ideas sobre el origen de las especies» entre sus inmediatos predecesores y contemporáneos. Pero la historia de esta atrevida idea es larga y compleja. Conocerla es útil para precisar los diferentes aspectos tanto del problema como del tipo de solución que el darwinismo propone.

Desde los inicios de la tradición filosófica o científica en Grecia (por no citar los mitos cosmológicos de las grandes religiones) el entendimiento humano ha trabajado con hipótesis de sesgo evolucionista[18] para explicar la existencia de especies distintas.

[18] El resumen histórico que sigue de los antecedentes inmediatos del darwinismo en biología está tomado, entre otros, de G. Vogel & H. Angermann 1977, vol. 2, pp. 454-455, P. Grassé 1966, E. Mayr 1982, pp. 343-393, J. Rostand 1985 [1945], J. Hemleben 2000.

Anaximandro (610-547 a.C.), inspirado sin duda por las zoogonías babilonias y asirias, ve el origen de la vida en las aguas que cubren la Tierra. Los animales más grandes, cubiertos de escamas y parecidos a peces, habrían colonizado la tierra firme y, tras perder las escamas, se habrían transformado progresivamente. El hombre formaría también parte de esta cadena.

Empédocles (492-430 a.C.) postuló en cambio la aparición separada de órganos cuyos ensamblajes serían seleccionados por el entorno en virtud de su viabilidad funcional. El entorno habría contribuido así a generar el orden actual partiendo de un caos inicial.

Más abstracta es la posición de Demócrito (460-370 a.C.), para quien la vida se habría generado a partir de la combinación aleatoria de los átomos. Asume que la historia natural es una proceso aleatorio de ensayo y error en donde habían de abundar más los errores que los aciertos. También el hombre habría surgido, por el mismo procedimiento, a partir del limo.

Anaxágoras (500-425 a.C.), según Platón y Aristóteles el único cuerdo de sus predecesores, llegó a la conclusión de que la existencia de tanto orden y adecuación mutua, en el mundo físico como en el vegetal y animal, presuponía la existencia de una inteligencia (*nous*) responsable de ello. Los seres vivos y sus tipos obedecerían a la racionalidad que organiza la naturaleza entera.

Aristóteles (384-322 a.C.) siguió la vía abierta por Anaxágoras. Consideró la hipótesis de Demócrito tan lógicamente consistente como la de Anáxagoras, pero pensó que sería «conceder demasiado lugar al azar» explicar tanto orden desde el puro caos. Reconoció que la domesticación de animales muestra que se puede manipular la transmisión de ciertos caracteres de las especies y que el resultado se conserva «si por azar es adecuado (al fin previsto); de lo contrario perece». Darwin creyó ver en esto rasgos embrionarios de su concepción de la selección natural (OE, pp. 40-41). Pero no hay en Aristóteles noción de evolución. Los individuos son movidos por una fuerza que les hace tender a ser y ser lo que «por su naturaleza» les corresponde. Su naturaleza es inseparable del diseño («forma») que las especies, inmutables, representan y que los individuos realizan inexorablemente.

Lucrecio (95-53 a.C.), en línea con Epicuro y Demócrito, retoma la idea de que la vida ha surgido por azar. La Tierra sería la única fuerza creadora, de la que habrían surgido primero las plantas, después innumerables animales, de los cuales sólo habrían sobrevivido los que por azar hubieran resultado aptos, esto es, armónicos en sí y más acordes con el medio. Lucrecio niega que el mundo exhiba finalidad alguna y constata que todos los seres vivos luchan entre sí por la supervivencia.

Llama la atención el hecho de que ya en la Antigüedad son más propensos al evolucionismo quienes admiten que el azar y el origen de la vida son compatibles que quienes lo rechazan. El argumento en contra de esta conjunción puede resumirse en lo que cabe considerar como principio de economía: si la naturaleza actual está, como parece, racionalmente organizada, implicaría una clara irracionalidad haber procedido mediante fases intermedias y, por así decirlo, prospectivas, con la inevitable asunción de costosos desechos. La historia muestra que tienen mejores herramientas conceptuales para procesar la idea de la evolución quienes, como Demócrito o Lucrecio, pueden pensar la naturaleza sin presuponer en ella vestigios fundacionales de racionalidad. El rechazo a la inclusión programática de errores «por naturaleza» es sin duda la razón por la que Aristóteles rehúsa la hipótesis de Demócrito, pese a admitir que es lógicamente consistente.

El argumento de economía se ve definitivamente reforzado cuando la tesis creacionista se convierte en uno de los centros de gravedad cultural más influyentes. Asumido el creacionismo, la conjetura evolucionista implicaba una complicación innecesaria y, en gran medida, irracional. La hegemonía cultural del cristianismo desde el siglo III hizo que la hipótesis creacionista resultara incomparablemente más satisfactoria para resolver a la vez el problema de la existencia del mundo en su conjunto, de la vida en él y el de la enorme pero evidentemente ordenada variedad de todos sus pobladores, por no citar el de la no menos evidente singularidad humana. La eficacia explicativa del creacionismo es enorme. En la misma medida, la hipótesis evolucionista pasaba a ser culturalmente más improbable de lo que de por sí es ya aceptar que organismos tan complejos y admirables como los seres vivos hayan surgido obedeciendo leyes no deliberadas.

La preponderancia del cristianismo, junto con la sanción y apropiación cultural que éste hace del pensamiento de Platón y Aristóteles como las dos fuentes principales para la comprensión del mundo[19] (siempre que su interpretación fuera compatible con la letra bíblica), explica que las ideas evolucionistas se agostaran hasta casi la segunda mitad del siglo XVIII (Grassé 1966, pp. 3-4), que nadie hasta entonces se dejara seducir de nuevo por la atrevida aventura bioevolutiva. En el siglo XVII, no obstante, el creciente conocimiento de hechos como las «analogías» (semejanzas morfológicas y fisiológicas entre animales de especies distintas) favoreció la cuestión de si el creacionismo no sería compatible con el evolucionismo. El naturista holandés Jan Swammerdam (1637-1680) se pregunta si «no se podría suponer que Dios hubiera creado un solo animal que se habría diversificado en un número infinito de especies».

Pero es sobre todo en el siglo XVIII cuando se abren conceptualmente las puertas a la idea evolucionista. Las condiciones que hubieron de darse para este cam-

---

[19] Para ello no había más necesidad que la derivada de la cristianización cultural. Es llamativo que Diógenes Laercio (siglos II-III d.C.) dedique en su *De vitis* (la más completa fuente de la Antigüedad para la historia de la filosofía) tanto espacio a Epicuro (siglos IV-III a.C.) como a Platón y Aristóteles juntos. Es legítimo especular sobre qué habría sido la cultura occidental si sus fuentes filosófico-conceptuales no hubieran sido el platonismo y el aristotelismo cristianizado, sino el naturalismo de Epicuro en su *Peri physeos*.

bio pueden reducirse a más información biológica, procedimientos de estudio más rigurosos y actitudes teóricas más libres y críticas frente a ideas heredadas. Son hechos culturales, que se refuerzan mutuamente, tales como:

- Actitud propicia a la liberación conceptual frente a representaciones míticas y a supersticiones pseudocientíficas (Ilustración).
- Listado y clasificación sistemática, gracias a la delimitación de la noción biológica de especie, de la fauna y la flora existentes (Ray, Linneo, Klein, Bonnet).
- Conocimiento de la variabilidad (grupos, razas, familias, etc.) de los organismos vivos y detección de algunas de sus causas (influencia medioambiental, alimentación y, sobre todo, variación hereditaria), (Maupertuis, Buffon).
- Comprobación de la naturaleza real de los fósiles (contra viejas teorías como la de los «caprichos de la naturaleza»), que atestiguaba la existencia de especies desaparecidas (Buffon).
- Descubrimiento de la evolución de la corteza terrestre y de la sedimentación (paleogeografía y paleogeología), lo que permitía secuenciar geológicamente la fauna y la flora fósiles (Hutton y Buffon).

Estos hechos culturales no se dieron *para* favorecer la idea evolucionista. No formaban parte voluntaria o consciente de la «atrevida aventura». Algunas de estas contribuciones se hicieron incluso, como veremos, en el convencimiento de que reforzarían la posición creacionista. Los naturalitas del XVII y XVIII no quisieron el advenimiento del evolucionismo, pero lo hicieron casi inevitable.

No fueron, por lo tanto, grandes visiones especulativas las que acabaron haciendo plausible la idea evolucionista a los naturalistas. Una de las aportaciones esenciales de los siglos XVII y XVIII fue la clasificación científica de los seres vivos. Ponía a disposición de la prospección teórica una base de datos fiable, con lo que se pudo saber también por primera vez qué y cuántas cosas eran aquéllas cuya existencia había que explicar cuando se preguntaba por el origen de las especies. Este simple hecho, la ampliación de la base descriptiva del problema realizada de forma sistemática, modificó sustancialmente el estado de la cuestión. Hasta entonces, la situación era la inversa: se había construido una imagen pseudodescriptiva del mundo biológico hecha a medida de la teoría disponible. La descripción se agotaba poco más allá del angosto ámbito de la experiencia corriente.

Otro tanto ocurrió con la morfología comparada. John Ray (1628-1705) y Theodor Klein (1674-1759) descubrieron profundas semejanzas entre especies, hasta el punto de que se hacía en algunos casos muy difícil la distinción con los criterios intuitivos disponibles. También descubrieron casos de formas intermedias. Todo ello planteaba problemas lógico-clasificatorios, pero que no eran meramente formales. Se trataba de entender la nervadura real del mundo orgánico. De un lado, las regularidades morfológicas hereditarias sugerían que los seres vivos se agrupaban según patrones o tipos naturales bien diferenciados. Estas regularidades no invitaban a hacer clasificaciones arbitrarias. Constituían por el contrario un fuerte argumento a favor de que la noción de especie y, por tanto, la clasificación de los seres vivos en función de ella, debía limitarse a seguir una lógica natural dada en las cosas mismas. De otro, la existencia de fuertes similitudes tipológicas y el descubrimiento de casos borrosos parecía sugerir que la línea divisoria entre los géneros supuestamente naturales era muy débil, una cuestión de puntos de vista. De ser esto así, los datos empíricos podrían ser sometidos a un orden arbitrario, bajo una lógica consistente, pero no «natural», si por tal había de entenderse un orden tipológico dado en y por la naturaleza misma. El desarrollo de este debate se decantó a favor de que, fueran cuales fueren los criterios de demarcación a utilizar en la clasificación, el conjunto de los seres vivos *no* constituía un sistema caótico. La naturaleza parecía tener un plan, un sistema. Y este era un hecho que merecía ser conocido en detalle y explicado según causas.

Carl von Linneo (1707-1778) se dedicó con intensidad a esa doble tarea. Buscó un «método natural» que permitiera descubrir el esquema subyacente a todas las afinidades entre especies. La masa empírica de datos le hizo dudar de que la naturaleza respetara realmente la invariancia de las especies. Sobre todo porque con el aumento de datos para la clasificación parecían borrarse las cesuras que separaban las especies. Los casos morfológicamente ambiguos podían ser interpretados como estadios intermedios. Pero al final encontró una solución más elegante, culturalmente menos costosa: el creador, *causa primera*, sólo actuó en el nivel superior de las especies mismas; la naturaleza actuó como una *causa segunda*, en los individuos, mediante los mecanismos de reproducción, lo que explicaba casos borrosos, hibridaciones, etc. Quedaban así explicados los hechos sin contravenir el relato bíblico del *Génesis*.

Linneo realizó su obra convencido de que mostrar mediante una clasificación exhaustiva el «sistema de la naturaleza» (*Systema naturae* 1764) significaba mostrar el plan del creador al poner en evidencia el orden que reina en la naturaleza orgánica. Un orden tan complejo de subordinaciones y extenso a través de todos los seres vivos sin excepción no puede haber surgido del caos. El caso de Linneo, y no es en esto la excepción, sino la regla, muestra que el entusiasmo por conocer y mostrar el plan divino alentó la investigación más audaz de los naturalistas del XVIII dedicados a la sistematización de la naturaleza orgánica (Howard 1982, pp. 30-32; Ruse 1983, cap. 10; Pelayo 2001).

El sistema jerarquizado de la naturaleza confirmaba dos rasgos complementarios del mundo, asumidos desde antiguo, pero muy sugerentes para las mentes de la época. Daba por un lado una imagen del mundo natural como un *continuo completo*, sin vacíos lógicos y reales. Unos, como Charles Bonnet (1720-1773), se representaban este continuo como una escala, otros como una cadena[20]. Pero am-

---

[20] A. O. Lovejoy (1993) ha estudiado esta idea, que evoca bajo la denominación «principio de completud» (*plenum formarum*), como uno de los principios de la metafísica y cultura occidentales des-

bas intuiciones sancionaban el viejo aforismo *natura non facit saltum,* uno de los muchos aforismos metafísicos que significaban la racionalidad de la naturaleza en su estructura profunda. De otro lado, la sistematización jerarquizada mostraba un orden natural de *complejidad creciente* desde el organismo más simple hasta el hombre. Estos supuestos rasgos del mundo orgánico favorecían esta pregunta: si las especies han sido creadas, ¿por qué hay una gradación tan exhaustiva y parsimoniosa? La posición creacionista de Linneo respondía directamente al problema del orden y la variabilidad, pero no al de la jerarquía y la completud (es decir, la gradación biológica sin saltos). La respuesta dominante a este doble problema en el siglo XVIII es metafísco-teológica, no biológica: Dios ha querido llenar todos los huecos lógicos de la perfección, pues de lo contrario él mismo sería imperfecto[21].

Esta respuesta tiene ciertamente una alternativa lógica: la gradación jerárquica es fruto de una transformación progresiva. Pero una alternativa lógica no constituye por sí misma un argumento vinculante para explicar hechos. Sobre todo si hacerlo exigía saltar, como era el caso a finales del siglo XVIII, de la lógica a la biología pasando por alto creencias metafísicas y teológicas profundamente arraigadas.

Pierre-Louis Moreau de Maupertuis (1698-1759) había, sin pretenderlo, facilitado en algo el paso de la lógica a la biología. Interesado por las variaciones y el fenómeno de la hibridación, llegó a la conclusión de que las razas surgen, vía hereditaria, de «individuos fortuitos». Y precisa que «la causa de esas variaciones reside en el semen». Pero la naturaleza es ordenada y conservadora, no gusta de anomalías, por lo que la mayoría de las variaciones que surgen al azar desaparecen. Permanecen, selectivamente, las pocas que respetan «el orden y la proporcionalidad». Esto autorizaría también a pensar que «las especies que hoy vemos son una pequeñísima parte de lo que un destino ciego creó en otro tiempo». Una hipótesis interesante.

A Maupertuis no se le escapó la grave implicación de esa hipótesis. «¿No se podría explicar por esa vía cómo pueden surgir de sólo dos individuos una multitud de especies diferentes?». Llega incluso a describir las innovaciones genéticas como «errores que conducirían a una nueva especie». Pero, a pesar de su originalidad, Maupertuis no creyó haber debilitado la tesis creacionista. Está por el contrario convencido de que su sistema mostraba cómo «los elementos (de la naturaleza), dotados de inteligencia, se ordenan para cumplir los designios del Creador».

No obstante, lo que he denominado «alternativa lógica», es decir, la respuesta biológica al fenómeno de las similitudes entre especies y su gradación extremadamente parsimoniosa, era algo más que una alternativa meramente lógica. Era tam-

---

de Platón en su excelente estudio titulado justamente «La gran cadena del ser». Darwin (OE, p. 554) la asume también al decir que «la naturaleza es pródiga en variedad y avarienta en innovación» confirmando «la ley *Natura non facit saltum*».

[21] Las premisas o supuestos que hacían culturalmente plausible este argumento no pueden ser desglosadas aquí. Lovejoy (1993) lo hace *in extenso*.

bién una idea con la que, aunque fuera para rechazarla, estaban de hecho familiarizados la mayoría de los grandes pensadores del siglo XVIII (Grassé 1966, p. 5). El testimonio de Kant arriba aducido lo confirma expresamente; y, pese a las dificultades que ve en esa idea, también la seriedad con la que la evoca como una «atrevida aventura de la razón» para la que habría un «rayo de esperanza», aunque muy débil.

Buffon (1707-1788) fue uno de los naturalistas que más lejos llegó en esta aventura durante el siglo XVIII. Aportó primero una interpretación exacta de los fósiles y sugirió la sucesión de floras y faunas como parte de la historia natural de la Tierra. La Sorbona creyó verse en la obligación de condenar ideas tan revolucionarias (*Condamnation en 16 propositions*, 15 enero de 1751). Buffon se retractó públicamente de las tesis condenadas, pero más tarde se sinceraría en estos términos: «He hablado siempre del Creador, pero basta con suprimir esta palabra y colocar en su lugar la fuerza de la naturaleza [...] Cuando la Sorbona me reprendió, no planteé problemas y concedí todas las satisfacciones que se me pedía. Esto no era sino sarcasmo, pero los hombres son tan necios que se satisfacen con ello». Reforzó además su conclusiones al descubrir (*Époques de la natura*, 1778) el desarrollo de la corteza terrestre, la sedimentación cronológica de sus estratos y que el clima terrestre ha cambiado drásticamente a lo largo de la historia.

Tampoco ignoró Buffon que sus ideas biológicas afectaban a la explicación de la especie humana: «La primera verdad que se sigue de este estudio serio de la naturaleza es para el hombre tal vez una verdad humillante: tiene que clasificarse a sí mismo entre los animales». En este contexto llega a hablar del orangután como «el primero de los simios o el último de los humanos». Pero, extrañamente, Buffon, que tenía todos los conocimientos de su época, despreció la sistematización de Linneo y los trabajos de Bonnet. La lectura de su obra sugiere por eso que Buffon disponía de todos los presupuestos y argumentos necesarios para aportar una teoría sistemática de la evolución, pero que le faltó (Grasssé 1966, p. 8) la voluntad o el carácter para emprenderlo.

Buffon fue no obstante el primero que utilizó argumentos paleogeológicos para explicar la divergencia de faunas a partir de una raíz común. Es tanto como decir que el convencimiento de Kant de que la idea evolucionista, pese a su consistencia, carecía de apoyo empírico estaba comenzando a ser desmentida por los hechos.

Pese a todo, la aventura del XVIII no va más allá de un «transformismo» relativo, esto es, la aceptación de que las especies pueden haber variado a lo largo de las edades de la Tierra, pero siempre a partir de patrones originarios preestablecidos. Legaba, eso sí, a posteriores aventureros un valioso botín, que se puede resumir en estas tres aportaciones:

- Una imponente base de datos en forma de inventario sistemáticamente clasificado que evidencia el parentesco entre todos los seres vivos y una en extremo parsimoniosa gradación. Ambos hechos no encajaban sin más en la idea heredada de un acto creador individuado para todas y cada una de las especies actuales.

- Descubrimiento de la variabilidad biológica y de la función aleatoria de la reproducción como causa de la variabilidad, sin excluir que ésta explicara la aparición ocasional de nuevas especies.
- Descubrimiento de la historia geológica y de evidentes correlaciones botánicas y zoológicas con los hechos geológicos. Estos descubrimientos, avalados por datos fósiles, atestiguan que las especies han variado en el tiempo; confirman que las especies actuales no agotan la historia real de las especies; hacen más plausible la explicación de la aparición y desaparición de nuevas especies con el concurso de la función aleatoria reproductora y nociones próximas a la idea de selección medioambiental.

La obsesión de Charles Darwin

La construcción de una teoría que unificara todos esos datos no se consigue en el XVIII, pese a que Buffon parecía disponer de todos los mimbres para ello. El núcleo del estado de la cuestión permanece caracterizado (Howard 1982, p. 29) por este «dualismo»: (a) un acto de creación sobre las especies (o las especies primigenias) y (b) el concurso de la naturaleza como causa «segunda» que actúa sobre las variaciones subsecuentes y explicaría la aparición de especies nuevas. Pero esta causa segunda, que había de ser «natural», permanecía desconocida. Pese a las aportaciones evocadas, el origen de las especies quedaba, desde una perspectiva biológica integral, en la oscuridad, sin explicación.

Es Lamarck (1744-1829) quien ofrece por primera vez (*Philosophie zoologique*, 1809), una explicación biológica del origen de las especies. Su teoría no surge de grandes especulaciones filosóficas. La revelación le vino del estudio sistemático de las conchas de moluscos bivalvos y caracoles. Impresionado por su enorme variabilidad, intuyó que había una alternativa plausible a la de considerar los fósiles simplemente como especies desaparecidas sin rastro biológico: «¿No es posible que, bien al contrario, estos individuos fósiles pertenezcan a especies aún existentes, sólo que se habrían modificado desde entonces hasta dar lugar a las especies (hoy) vivas?». Lamarck arriesga entonces una teoría para explicar esa modificación: (a) «el uso más frecuente y activo de un órgano cualquiera refuerza poco a poco dicho órgano, lo desarrolla y agranda» («primera ley»); (b) la modificación sería después conservada por la herencia («segunda ley»). Pero Lamarck dispone de una base empírica muy endeble (Rostand 1985, p. 84) para su primera ley, según la cual la función adaptaría el órgano al entorno. Esta falta de apoyo empírico se compensa postulando (c) una fuerza interior, «una causa que tiende incesantemente a aumentar la complejidad del organismo». Este es también un supuesto sin argumentos biológicos de peso. Tampoco parece haber tenido Lamarck una idea clara de la cronología global de las especies. Pero es el primero en arriesgar una teoría biológica a favor de la idea evolucionista y en proponer incluso un árbol genético de los animales.

Pese a las aportaciones del XVIII, la innovación conceptual de Lamarck no encontró condiciones medioambientales favorables para su supervivencia. Además, Georges Cuvier (1769-1832), experto en anatomía comparada, paleontología y paleogeografía, se esforzó en endurecerlas. Su «objeción» esgrimía un doble argumento: la ausencia de formas intermedias (lo que Darwin denominaría *missing links*), que la sistematización postulaba entre los fósiles y las especies actuales, y la débil variación constatable en las especies vivas bajo condiciones naturales. Pero sus propias aportaciones científicas le traicionaban, descubriendo más y más formas intermedias (hoy *conecting links*) que, completando el mosaico, mostraban el parentesco con las actuales. De hecho fue su obra, no la de Lamarck, la que mostraba con datos geológicos, paleontológicos y de anatomía comparada la continuidad entre los fósiles y las especies actuales. Pero Cuvier nunca lo reconoció. Interpretó la enorme masa de sus propios datos sobre la anatomía comparada de osamentas fósiles mediante una teoría híbrida de creacionismo y de la vieja teoría de las catástrofes: la Tierra habría padecido múltiples catástrofes en las que se aniquilaba la fauna y la flora; a las catástrofes les seguían otras tantas creaciones, en las que se creaban especies nuevas. Con esta teoría pretendió Cuvier preservar del evolucionismo los hechos que él mismo había acumulado. Pero, aunque él nunca quiso admitirlo, sus investigaciones biológicas hicieron que el evolucionismo abandonara «el terreno de la especulación y se colocara sobre el suelo de los hechos» (Grassé 1966, p. 9).

Así que, pese a los esfuerzos de Cuvier, y gracias a su obra, entre otras, la idea evolucionista seguía ganando en plausibilidad. La aventura era aún atrevida, pero ya había algo más que argumentos apriorísticos para pensar que no era insensata. La enorme masa de datos y, sobre todo, las sinergias conceptuales que estos generaban al proceder de diferentes ramas de las ciencias biológicas y geológicas llegaron a constituir un indicio fuerte a favor de que las especies se modifican gradualmente. Y Darwin reconoce que esta idea le «obsesionaba» (AB, p. 85) ya desde los primeros pasos como naturalista, durante su legendario viaje a bordo del *Beagle* (1831-1836).

Lo que obsesionaba a Darwin era resolver un problema que planteaban los hechos empíricos favorables a la modificación gradual de las especies. El problema, que se le presenta como «el misterio de los misterios» (OE, p. 51), era en términos genéricos explicar cómo se originan las especies. Pero esta cuestión adquiere pronto una forma más precisa, y a la vez también más difícil, cuando su propio trabajo de campo durante el viaje en el *Beagle,* la revisión posterior de los datos y su confrontación con otras lecturas, además de aportarle un cúmulo abrumador de nuevos indicios a favor de que las especies mutan, ponen de manifiesto que el hecho evolutivo no es explicado satifactoriamente por ninguna de las teorías disponibles. Como hemos visto, las teorías disponibles eran el creacionismo *ad hoc* de Cuvier de un lado y, de otro, la propuesta de Lamarck de la herencia de rasgos adquiridos por costumbre y por una voluntad o fuerza endógena de los organismos a evolucionar para adquirir los rasgos que el uso requería a fin de resolver los problemas planteados por las condiciones externas.

Si la teoría de Cuvier no era una teoría propiamente biológica, la de Lamarck no era una solución satisfactoria, pues explicaba la variación, pero atribuía la adaptación de las variaciones a una fuerza endógena de explicación desconocida. «Se concibe perfectamente –concede Darwin– que un naturalista (de principios del siglo XIX), reflexionando sobre las afinidades mutuas de los seres orgánicos, sobre sus relaciones embriológicas, su distribución geográfica, sucesión geológica y otros hechos semejantes, puede llegar a la conclusión de que las especies no han sido independientemente creadas, sino que han descendido, como las variedades, de otras especies» (OE, p. 53). Pero esto no basta:

> Sin embargo, esta conclusión, aunque estuviese bien fundada, no sería satisfactoria hasta tanto no pudiese demostrarse cómo las innumerables especies que habitan el mundo se han modificado hasta adquirir esta perfección de estructuras y esta adaptación mutua que causa, con justicia, admiración. [...] Es, por consiguiente, de la mayor importancia llegar a un juicio claro acerca de los medios de modificación y de adaptación. (OE, 53)

Es decir, Darwin tenía un hecho admirable: la modificación gradual de las especies y sus complejas estructuras actuales, magníficamente adaptadas al entorno. Pero no tenía una explicación, una teoría.

La evolución es el problema, no la solución

Darwin ha entendido pronto que el problema con el que se enfrenta no es encontrar un progenitor, natural o no, para las especies que se salvan en el arca de Noé, sino una teoría unificada que explique qué hace la naturaleza para generar mecanismos tan complejos como un ala de ave o un ojo de mamífero. Si tuviera una explicación para esto, tendría una explicación para el origen de las especies, y viceversa. En una explicación así, las especies deberían aparecer como «una consecuencia natural de principios básicos» (Ruse, 1983, p. 269). No tener una explicación así era no tener una teoría *acerca de las causas o mecanismos naturales* que harían posible el origen de especies a lo largo de la evolución. Y, desde luego, la teoría de Lamarck no contenía la explicación, pues «es absurdo explicar la estructura [de organismos vivos como las patas, el pico y la lengua del pájaro carpintero] y sus relaciones con varios seres orgánicos distintos por efectos de la costumbre o la voluntad» (OE, p. 53). Por eso había escrito ya en 1844: «El cielo me libre del disparate de Lamarck de una "tendencia al progreso", de las "adaptaciones debidas a la paulatina inclinación de los animales", etc.» (AB, p. 273).

En suma, Darwin se hallaba (al menos desde julio de 1837) en esta situación: gracias al trabajo de sus predecesores, de sus contemporáneos y de su propia investigación, recogía datos febrilmente, «en grandes cantidades», pero, como él mismo reconoce, «sin ninguna teoría» (AB, p. 86). La idea evolucionista era entonces, más que una teoría, el nombre genérico de un conjunto de hechos sorprendentes, pero innegables, aportados sobre todo por la paleontología, la geología y la morfología comparada. Los más destacados: la aparición de especies nuevas en distintas edades geológicas, en parte relativamente recientes, y su desaparición posterior a la vez que sobrevivían especies que, por su morfología, podían ser consideradas como descendientes de las desaparecidas. A la luz de estos hechos había pocas razones para narrar otra historia distinta sobre las especies actuales. Además, los hechos evolutivos atestiguaban también una sorprendente interdependencia o adaptación mutua de los seres vivos, así como al entorno y a sus cambios geológicos. Pero no había «un juicio claro acerca de los medios de modificación y de adaptación» (*ibid.*). El problema ya no era en consecuencia asumir el hecho de la evolución. La evolución había pasado de ser una idea que explicaba algunos hechos para venir a ser un hecho extremadamente complejo y sorprendente que requería una explicación[22]. *La evolución ya no era la solución, era el problema*[23].

La tarea era tanto más dificultosa cuanto que la formulación del problema en términos biológicos obligaba a prescindir de entre los factores explicativos la noción heredada de «diseño», tan ligada a la de «designio» que mentes ilustradas como la de Kant todavía creían tener que salvar. La noción era sobre todo activa bajo expresiones como «plan de la creación» (OE, p. 229), culturalmente la más

---

[22] Esto no significa, como se ha destacado ya, que la mayoría de los naturalistas de la época aceptaran ya la idea de la evolución en la primera mitad del siglo XIX. Como el propio Darwin confirma (OE, p.566), «la creencia general cuando apreció la primera edición de esta obra», era la «creación separada de cada especie». Y añade: «en otro tiempo hablé a muchos naturalistas sobre el problema de la evolución y nunca encontré una acogida simpática» (*ibid.*).

[23] St. Pinker (*El instinto del lenguaje*, Madrid, Alianza, 1995, p. 390) sostiene también esta tesis al decir que «la evolución no es lo mismo que la selección natural» y que la innovación de Darwin no está en haber defendido la evolución. Aunque la afirmación de Pinker de que «la evolución era un hecho comúnmente aceptado en tiempos de Darwin» debe ser relativizada, sí es cierto que quienes la aceptaban la atribuían «a causas que hoy no gozan de ningún crédito» (*ibid.*); y, cabe añadir, gracias a que esas causas tampoco satisficieron a Darwin.

generalizada. Pero también, aunque de forma algo encubierta, bajo la supuesta «voluntad» o fuerza endógena de los seres vivos a la que había recurrido Lamarck a falta de una explicación mejor. Cuvier había tomado una decidida posición a favor del diseño deliberado para salvar los hechos, es decir, para explicar el diseño existente en distintas épocas de la Tierra. Pero, paradójicamente, esto había contribuido sobremanera (Howard 1982, p. 29) a descartar esa vía. Una mente tan lúcida y tan bien informada como la suya no había encontrado mejor argumento para salvar los hechos biológicos y geológicos disponibles que postular creaciones *ad hoc* para cada una de las numerosas nuevas especies que sin duda habían aparecido en épocas geológicas cada vez más recientes. Tal solución implicaba una sucesión inconexa, en cierta medida arbitraria, de mundos vivos cronológicamente superpuestos; y tampoco era compatible con el principio de elegancia y economía que debía suponerse en un creador inteligente. No era una hipótesis contradictoria, pero esto era lo único que tenía a su favor. Demasiado poco. Tan poco como para obsesionar a los biológos con la búsqueda de una teoría que explicara la evolución como un fenómeno natural más, esto es, mediante causas naturales. Como Darwin dice, invocar la creación separada de especies no es explicar el hecho de la aparición de nuevas especies, sino «tan sólo enunciar de nuevo el hecho con expresión más digna» (OE, p. 229).

Así que explicar la evolución por causas naturales neutralizaba explicativamente la distinción inicial entre causa primera (Dios) y causas segundas (la naturaleza). Pues esta distinción, que hacía compatible la evolución con el creacionismo (Gillespie 1979), no ayudaba a resolver la cuestión «biológica» que se planteaba. Tan poco como el creacionismo había contribuido a la solución «física» al problema de la gravedad en la mecánica de Newton (OE, pp. 563-564). Recurrir a un «plan» creador, precisará Darwin, es «ocultar nuestra ignorancia [...] y creer que damos una explicación cuando tan sólo repetimos la afirmación de un hecho» (OE, p. 565). Es decir, volvía a ocurrir lo mismo que con la noción de evolución: *el diseño no era la explicación, era el problema* a explicar.

Es esencial para entender la lógica explicativa de la teoría buscada por Darwin que ni la evolución ni el diseño son los elementos explicativos (*explanans*), sino lo que hay que explicar (*explanandum*). Es esencial porque muestra que Darwin asume que sólo si descubre el mecanismo natural que explique cómo emerge el diseño tendrá una teoria que explique la evolución. El problema que la evolución plantea queda así focalizado sobre la posibilidad de explicar la emergencia del diseño en la naturaleza por causas *naturales* o, como dirá Darwin, por «leyes *no deliberadas*».

Retrospectivamente, al concluir *El origen de las especies*, con el sosiego de quien conoce la solución, Darwin evocará así el problema:

> Es interesante contemplar un enmarañado ribazo cubierto por muchas plantas de varias clases, con aves que cantan en los matorrales, con diferentes insectos que

revolotean y con gusanos que se arrastran entra la tierra húmeda, y reflexionar que estas formas primorosamente construidas, tan diferentes entre sí, y que dependen mutuamente de modos tan complejos, han sido producidas por leyes que obran a nuestro alrededor. (OE, p. 572)

Esto, buscar en leyes que operan a nuestro alrededor –recuérdense las palabras de Kant sobre el débil «rayo de esperanza» en cuanto a que se pudiera completar con éxito la atrevida aventura de explicar el diseño biológico por leyes naturales (KU, 368)– la causa o el conjunto de ellas que generan el orden en la naturaleza era convertir el diseño en el problema a explicar, renunciando a ver en él la solución.

Por fin una teoría sobre la que trabajar

Ponerse a trabajar con decisión sobre un proyecto así era sin duda una actitud conceptual y culturalmente revolucionaria. Darwin se esfuerza en subrayar que su teoría no es contradictoria respecto de la posición creacionista. Y se defiende por adelantado asegurando que sería tan injusto e infundado considerar que su forma de pensar es «peligrosa» como lo había sido en su día la acusación de Leibniz de que la teoría de la gravedad de Newton era «subversiva de la religión natural y, por consiguiente, de la revelada» (OE, pp. 563-564, p. 572; AB, p. 344). Pero no se engaña con respecto al hecho de que explicar la evolución (y por tanto el diseño en la naturaleza) por causas naturales, aun quedando sin explicar el origen de la vida, que no es objeto de su investigación, haría superflua la idea del diseñador originario para explicar el origen de las especies. Y tampoco se engañará respecto al hecho de que el prejuicio teórico que hacía tan plausible al creacionismo era una de las más poderosas razones por las que la solución que a la postre propuso era culturalmente improbable incluso después de que la idea evolucionista había llegado a ser, para Darwin y otros, inevitable. Después de todo, también Darwin se había impregnado en Cambridge, de 1828 a 1831, de los argumentos de la teología natural que más éxito cultural tenían y tendrían más tarde en contra de la que sería su teoría; y de la pluma del autor más elocuente: el teólogo William Paley (1743-1805), cuyas ideas giraban en torno al argumento culturalmente más eficaz contra el darwinismo, el basado en el supuesto de que el diseño que exhibe la naturaleza no puede ser fruto del azar. Darwin había estudiado cabalmente su *Moral Philosophy*, las *Evidences of Christianity* y, sobre todo, la influyente *Natural Theology* (1802). De las *Evidencias* dice haberlas trabajado tan a fondo que, aunque no pretendió aprenderlas de memoria, podría trascribirlas enteramente; de la *Teolo-*

gía natural asegura que «su lógica le procuró tanto deleite como la lectura de Euclides» (AB, p. 57). Son comprensibles las extremadas precauciones de Darwin (Zimmer 2003, pp. 32-67) frente a una solución que satisficiera los términos del problema tal como él lo concebía.

No sorprende por eso que cuando Darwin encontró «por fin un rayo de luz» (AB, p. 273), esto es, una hipótesis de trabajo naturalista, o como él dice, «una teoría sobre la que trabajar», decidiera «no escribir durante algún tiempo ni siquiera el más breve esbozo» a fin de «evitar los prejuicios» (AB, p. 87). Tampoco sorprende que dedicara decenios a buscar y a organizar datos y a anotar todo lo que leía, especialmente si encontraba argumentos contrarios a su teoría. Darwin se ocupó de una forma muy especial de los argumentos contrarios a su punto de vista. Puede que fueran los temores, bien fundados, a que su teoría no habría de encontrar un entorno cultural favorable lo que le hizo ser extremadamente precavido. Pero lo cierto es que exhibe una honestidad intelectual que, a veces, caracteriza a los momentos estelares de la historia de la creación intelectual. Es posible que Popper se equivoque suponiendo que sea característico de la racionalidad científica exponer la teoría que se propugna a argumentos en su contra a fin de fortalecerla. En ese caso, el proceder de Darwin representaría una excepción a su favor. Darwin valora incluso ese procedimiento como *una regla de oro*:

> Durante muchos años he seguido una regla de oro, a saber, que siempre que topaba con un dato publicado, una nueva observación o idea que fuera opuesta a mis resultados generales, la anotaba sin falta y enseguida, pues me había dado cuenta por experiencia de que tales datos e ideas eran más propensos a escapárseme rápidamente de la memoria que los favorables. (AB, p. 89)

Esta regla de oro define una actitud científica honesta, pues está orientada a evitar que los prejuicios propios le traicionaran. Ya hemos visto que esto es también lo que Darwin persigue cuando dice haber obedecido a «principios baconianos». Con esa actitud se dedica Darwin a trabajar en la búsqueda de la solución al «misterio de los misterios» (OE, p. 51).

La compilación a través de lecturas de «datos en grandes cantidades», las conversaciones con expertos y su propio trabajo de campo le condujeron pronto a suponer, como ya habían sugerido Maupertuis o Lamarck, «que la *selección* era la clave» (AB, p. 86). Esto es, la naturaleza podría servirse de un mecanismo de discriminación sobre el material genético disponible en cada caso. Pero de momento sólo se sentía autorizado a ver confirmada esta hipótesis en un campo restringido: «al éxito del hombre cuando conseguía razas útiles de animales y plantas» (*ibid.*). Este era un ámbito demasiado puntual que, además, tenía el inconveniente de implicar la intervención de la inteligencia humana en la selección, por lo que no permitía una generalización sobre el origen de las especies en conjunto. ¿Cómo podría seleccionar la propia naturaleza, sin intervención de un factor externo inteligente, las variaciones útiles?

En realidad, Darwin tenía sólo una conjetura plausible. Seguía sin una teoría. «Continuaba siendo un misterio para mí la forma en que podía aplicarse la selección a organismos que viven en estado natural» (*ibid.*).

Sabemos por su propio testimonio que fue la lectura ocasional, en octubre de 1838, de *An Essay on the Principle of Population* (1826) del fisiócrata Thomas R. Malthus (1766-1834) lo que le proporcionó «por fin una teoría». Como hemos visto, la idea de la selección ya era conocida desde la Antigüedad en forma de postulado abstracto. Malthus la somete a un tratamiento contrastable. Sostiene que las populaciones crecen en progresión geométrica (factor 4, 8, 16, etc.), mientras que la cantidad de alimento disponible sólo crece en proporción aritmética (factor 3, 4, 5, etc.); y que esta desigualdad genera una lucha entre los individuos, de suerte que los menos capacitados desaparecen. Aunque Darwin leyó esta obra «por entretenimiento», no fue casual su proyección sobre el problema que le obsesionaba. Arrojaba una luz clarificadora sobre lo que en ese momento aún era un «misterio» para él, pero sobre el que disponía ya de una hipótesis prometedora y de una ingente información:

> Como estaba bien preparado para apreciar la lucha por la existencia que por doquier se deduce de una observación larga y constante de los hábitos de animales y plantas, descubrí enseguida que bajo estas condiciones [esto es, las descritas por Malthus] las variaciones favorables tenderían a preservarse, y las desfavorables a ser destruidas. El resultado de ello sería la formación de especies nuevas. Aquí había conseguido por fin una teoría sobre la que trabajar. (AB, pp. 86-87)

Es decir, Darwin ya conocía, como todos los naturalistas, el fenómeno de la lucha por la existencia, pero no su significado biológico. El significado surgió al comprender que podía tener una función selectiva y, por supuesto, estrictamente natural. ¿Cómo? La respuesta se encontraría si la lucha por la existencia pudiera ser combinada con la variabilidad genética de forma que, unidas, constituyeran un sistema natural pero eficaz de selección. La unión, nada sencilla, de ambos conceptos, variabilidad y selección natural, darán cuerpo a la teoría.

El resultado de su paciente y laboriosa investigación es una teoría que desmiente la predicción kantiana según la cual no podría haber nunca un Newton de la biología. Pues, salvo en cuestiones relativas a la estructura interna de las respectivas teorías, no hay disenso significativo (Wilson 1991, p. XI) acerca de que la teoría de Darwin representará para la biología lo que los *Principia* de Newton representaron para la física.

El núcleo de la teoría

Cuando en 1838 Darwin creyó tener una teoría «sobre la que trabajar» se entregó apasionadamente a ella, aunque, como hemos visto, a la vez de forma prudente y autocrítica. Sólo cuatro años más tarde, en junio de 1842, y tras superar no pocos temores, se permitió «la satisfacción de escribir un resumen de 35 páginas» (*The Foundations of the Origin of Species*, póstumo 1909), que en el verano de 1844 se convirtieron en otro de 230 páginas. No obstante, hasta 1856, por insistencia del geólogo y amigo Lyell, no se pondrá a fijar *in extenso* la teoría. Antes de acabar la redacción se le adelanta Russell Wallace, quien en 1858 le envía un breve ensayo de 20 páginas que «contenía una teoría exactamente igual a la mía» (AB, p. 88). El trabajo de Wallace y un resumen de las ideas de Darwin se publican en el *Journal of the Proceedings of the Linnean Society*, pero «ambos merecieron muy escasa atención» (*ibid.*). Lyell y otros insisten para que Darwin dé a conocer sus ideas a un público amplio. El 24 de noviembre de 1859 se publican bajo el título *On the Origin of Species by Means of Natural Selection, or the Preservation of Favoured Races in the Struggle for Life* (El origen de las especies mediante selección natural o la conservación de las razas favorecidas en la lucha por la existencia). Ese mismo día se agota la edición.

Las ideas fundamentales de su teoría son, a primera vista, sencillas. Según el resumen que Darwin ofrece al final de la obra, las «leyes» naturales que dan cuerpo a su teoría son éstas: la de «*herencia*» y/o «*reproducción*»; la de «*variación*» genética; una *ratio* en el aumento de la población «tan elevada que conduce a la *lucha por la existencia* y, como consecuencia, a la *selección natural*»; lo cual «determina la *divergencia* de caracteres y la *extinción* de las formas menos perfeccionadas» (OE, p. 527; subrayados en el original).

Este es un mero listado de las leyes «tomadas en un sentido amplio» (*ibid.*). Pueden concentrarse en la secuencia espiral *reproducción-variación-selección-herencia-reproducción-variación* etc. Todas estas ideas eran ya conocidas antes de Darwin por separado. Su originalidad consiste en haberlas fusionado en una teoría sobre los mecanismos y procesos de interacción causal que explican la evolución como un todo unitario. Pero el engarce argumentativo que unifica esas nociones es complejo:

1. Datos convergentes desde la *paleontología*, la *geología* y la *morfología comparada* favorables al hecho evolutivo: confirman el *parentesco* entre especies vivas y entre especies vivas y desaparecidas, lo que ofrece, sobre el marco del tiempo geológico, un cuadro histórico de las especies habidas como *un continuo evolutivo*; pues los datos disponibles atestiguan la *aparición de especies nuevas en distintas edades geológicas* y su *desaparición* posterior mientras que sobreviven especies que, por su morfología, pueden ser consideradas *descendientes* de las desaparecidas.

2. *La variabilidad de las especies* es también un hecho: los descendientes nunca son idénticos entre sí ni con respecto a sus padres, por lo que la *reproducción es un mecanismo en principio influenciable*. Las variaciones intergeneracionales son mínimas, pero las diferencias entre razas dan una idea de lo que esas variaciones pueden ocasionar si disponen de tiempo suficiente. Es, pues, fácil, subestimar su alance real.

3. El mecanismo que posibilita la variabilidad es la *herencia*, o como Darwin dice, la «herencia con modificaciones». Pues la herencia no es sino la propiedad por la que una variación (un rasgo nuevo), causada por un error de copia, se *perpetúa en la descendencia*. La cuestión es entonces saber *qué mecanismo de discriminación o selección hace que se perpetúen unas variaciones y no otras*. Se busca un mecanismo de selección justamente porque la idea de que las variaciones pueden ocasionar a la larga modificaciones tan profundas como para dar lugar a nuevas especies se ve altamente favorecida por hechos convergentes desde la paleontología, la geología y la morfología comparada.

3.1. Es por tanto razonable aplicar el método de *reconstrucción morfológico-comparativo* (toda vez que se dispone de un inventario sistemático de las especies actuales y de abundantes datos paleontológicos fiables: fósiles) y suponer que los resultados pueden ser significativos para entender (o rechazar) el proceso evolutivo que sugieren los hechos (según 1).

3.2. Para este trabajo es esencial tener en cuenta *el tiempo geológico*, un factor no accesible a la experiencia cotidiana y sólo disponible con el concurso de ciencias auxiliares como la geografía histórica (influencia de la obra de Lyell).

3.3. *La selección artificial* de razas (de plantas y animales) muestra que se puede dirigir la variación genética y consolidarla gracias a la herencia (según 2 y 3). Pero, desde el punto de vista biológico, sería indiferente que la selección sea deliberada o no para explicar que el estado actual de las formas sea fruto de variaciones paulatinas, con tal de que se conozca el mecanismo natural que selecciona las variaciones que se produzcan.

4. *La selección natural,* de darse, sería el resultado de factores favorables a que la replicación (herencia) de ciertos rasgos a lo largo de varias generaciones sea mayor que la de otros rasgos. ¿Cómo podría la naturaleza por sí sola, esto es, de forma no deliberada, activar un mecanismo selectivo de los rasgos hereditarios que han de ser replicados?

4.1. En condiciones naturales, no influenciados por el hombre, el alimento y el espacio disponibles no pueden garantizar la supervivencia de *todos* los individuos que nacen –influencia de la obra de Malthus–. ¿Qué incidencia sobre la replicación efectiva de caracteres genéticos no idénticos dentro de las populaciones puede tener este hecho?

4.2. Algunos caracteres de la variabilidad genética proporcionan a sus portadores una *ventaja sobre otros para sobrevivir*, es decir para ser *seleccionados* o, dicho con más rigor, para no perecer (puesto que la naturaleza no «selecciona» si por seleccionar entendemos discriminar en función de criterios preestablecidos). Selección es sinónimo de ventaja adaptativa. Esta idea es la que se conoce bajo la etiqueta *survival of the fittest* (supervivencia de los más aptos), formulada por Spencer. Con ella o con la metáfora de Darwin «lucha por la existencia» se alude en términos algo trágicos al hecho de que los rasgos (surgidos por variación genética) mejor *adaptados* a las exigencias del medio tienen más probabilidades de sobrevivir y, por tanto, de transmitir sus genes a otros. (Puede que en algunos casos la fuerza física sea una ventaja; en otros la ventaja puede ser el tamaño, o la protección térmica, o el color, o el no necesitar de la luz solar para orientarse, o ser más social, o más inteligente.)

4.3. *Evolución y selección natural no son la misma cosa*. La explicación de la evolución por selección natural sería circular o tautológica si consistiera en afirmar que sobreviven los mejor adaptados y que son los mejor adaptados los que sobreviven. Ciertamente, la teoría asume que si un organismo sobrevive ha de tener rasgos adaptativos ventajosos sobre los que no sobreviven. Pero la teoría no *explica* la adaptación mediante el hecho de la supervivencia, sino la supervivencia mediante un mecanismo de adaptación en el que inciden la variación, la selección y la herencia conjuntamente. ¿Cómo?

4.4. La selección *natural*, pese a no ser deliberada, genera *un sistema dinámico* favorable a la *evolución o innovación morfológica*. Pues la muerte de los menos aptos opera como un filtro que potencia y consolida las diferencias ventajosas dentro de los individuos de la misma especie[24]. Lo cual es explicable si se tiene de nuevo en cuenta que la *variabilidad* genética es muy parsimoniosa o, a la inversa, que la transmisión de los genes a la descendencia es en extremo conservadora (*herencia*). Pues, siendo esto así, es «sensato» renovarse mediante eliminación (*selección*) de los rasgos genéticos menos aptos de entre los disponibles por *herencia* y *variación*. Expresado en términos menos antropomorfos, la muerte de individuos portadores de caracteres no innovadores o de innovación disfuncional significativa filtra genéticamente a los portadores de innovación ventajosa.

5. *Variación*, *selección* y *herencia* forman así un mecanismo de interacción causal cuyo resultado es más adaptación, esto es, un nuevo diseño. Este es un mecanismo natural, carente de diseño deliberado, pero útil para producir diseños complejos. No es un círculo vicioso, sino una espiral virtuosa que favorece el diseño sin fines preconcebidos. Pues explica cómo la supervivencia o adaptación puntual de una especie concreta depende de la capacidad efectiva de sus *individuos* para

[24] Darwin amplió su teoría con la noción de «selección sexual» (OE, cap. IV y, sobre todo en *The Descent of Man and Selection on Relation to Sex*, 1871), un aspecto complementario de la selección natural mediante el que también se favorecen los genes más aptos sin que mueran los individuos que compiten. La selección sexual implica una lucha menos dramática, pues en ella los individuos del mismo sexo y especie compiten sólo por la supervivencia de sus propios genes mediante los caracteres sexuales secundarios (cantos, color, danzas, etc.). Es, pues, también un proceso natural de resultado selectivo.

modificarse y trasmitir vía herencia la modificación a individuos cuyos rasgos pueden a su vez variar significativamente y ser seleccionados por el mismo mecanismo que fueron seleccionados los de sus ancestros. De otro lado, estas modificaciones graduales y siempre nimias bajo el factor de *tiempo humano* (es decir, del ámbito de la experiencia humana), adquieren bajo el factor de *tiempo geológico* relevancia suficiente para dar lugar a especies nuevas. Se sigue de ahí que:

6. Lo que denominamos *«especie» es sólo un segmento o corte relativamente arbitrario, pues es relativo al fragmento temporal elegido de un continuo evolutivo*. La teoría abandona la noción apriorística de especie, esto es, «las infructuosas indagaciones tras la esencia indescubierta e indescubrible del término *especie*» (OE, pp. 568-569). La modificación del significado de «especie» es uno de los aspectos más innovadores del darwinismo[25]. Pero no es sólo un efecto colateral de la teoría, sino un aspecto nuclear de su argumentación, expresamente tratado como tal (OE, cap. II, IV, XIV y XV).

La idea nuclear y principal (OE, p. 55; cfr. Mayr 1982, pp. 477 ss.) de esta teoría es sin duda la noción de selección natural. Esta noción no es, como hemos visto, una innovación darwinista, como tampoco lo son las de evolución, variación y herencia. La innovación consiste en haberlas unificado en torno a la de selección natural como centro conceptual de gravedad de la teoría. Por eso *evolucionismo y selección natural son dos cosas distintas*; y por eso, cuando Darwin publicó su teoría, se puso en evidencia (Russe, 1979, p. 268) que era más fácil convertirse al evolucionismo que aceptar que la causa de la evolución fuera la selección natural. La razón principal estriba en que la teoría asume, como recrimina a Darwin su esposa, la atrabiliaria idea de que la naturaleza produce por leyes meramente naturales, no deliberadas, cosas tan complejas como el ojo de un mamífero. La argumentación de Darwin, de cientos de páginas, está dirigida a hacer plausible esa idea tan contraintuitiva y, en cuanto tal, «atacaba los fundamentos del argumento» subyacente a la contraria (Strathern 1999, p. 58).

Darwin es no obstante consciente de que su teoría es aún incompleta (OE, pp. 54-55, pp. 566 ss.) y por ello no exenta de ciertas debilidades y de dificultades aún por resolver. Pero, al mismo tiempo, está convencido de que, si las «opiniones» defendidas por él y por Wallace se generalizaran entre los naturalistas, las investigaciones futuras acabarían ocasionando una «revolución en la Historia Natural» (OE, p. 568). Es lo ocurrido.

La teoría darwinista será perfeccionada y reforzada (Grassé, 1966, Mayr 1982, Zimmer 2003) por las generaciones posteriores mediante la aportación interdisciplinar de datos que Darwin, aunque en parte sospecha con cierta precisión (OE, pp. 566 ss.), no podía conocer: nuevos datos provenientes de la paleontología, la biogeografía, la embriología, la biometría y, sobre todo, de la genética. La leyes de Mendel, aunque publicadas en 1865, en Austria, no fueron justamente valoradas hasta finales del siglo XIX. La

[25] Por esta razón es también uno de los temas más ampliamente estudiados (cfr. Mayr 1970 y 1988).

conjunción fructuosa de esos datos ha dado lugar a lo que, según expresión de August Weisman (1834-1914), se conoce como *neodarwinismo* y, desde 1942, (Julian Huxley, *Evolution: The Modern Synthesis*, 1942), como *teoría sintética* o *síntesis moderna*. Para esta síntesis es esencial la revolución operada en la biología molecular a medianos del siglo XX con el descubrimiento de la estructura del ADN (James Watson y Francis Crick) y su mecanismo de reduplicación. La síntesis no sólo reforzaba la teoría de Darwin al ofrecer una explicación biomolecular de los mecanismos de la variabilidad (mutación) y de la constancia (herencia) genéticas de las especies sobre el continuo evolutivo. Abría además una nueva vía de investigación que permitía estudiar la evolución directamente en y desde el material genético de las distintas especies. Permitiría comparar las especies no sólo desde la morfología y la fisiología, sino desde su material genético. Esta es una vía de investigación amplísima y de fuerte base empírica, cuyo desarrollo efectivo aún ocupará a las generaciones futuras. Por supuesto, representa un ámbito conceptual literalmente básico para la teoría de la evolución aún no accesible al conocimiento en vida de Darwin. Pero es al mismo tiempo indiscutible que él ha sido el impulsor decisivo. Lo cual hace aún mas sorprendente la clarividencia de Darwin para concebir y articular de forma consistente una solución tan culturalmente incorrecta a un problema tan complejo con medios y conocimientos comparativamente tan escasos.

De la revolución científica a la cultural: darwinismo e imagen del mundo

En la medida en que estuviere justificado asociar las revoluciones científicas a un nombre o a una obra individuales, el darwinismo es uno de los más claros candidatos (Himmelfarb 1968, Oldroyd 1983). Esta revolución científica, menos discutida que celebrada (Dennett 1999), se lleva a cabo en biología. Pero, por sus implicaciones concernientes a la comprensión heredada de la naturaleza y de la condición humana de un lado y a los hábitos naturales del pensar de otro, tiene los ingredientes suficientes para ocasionar una revolución cultural de amplio espectro. El darwinismo no sólo dice cosas nuevas acerca del mundo, sino que piensa sobre el mundo de forma nueva.

El *Origen de las especies* es una de las obras científicas más leídas del siglo XIX. La primera edición (1.250 ejemplares) se agota el mismo día 24. La segunda edición (3.000) apenas dura más.

Este éxito podría inducir a pensar no sólo que la idea de Darwin era ya madura en círculos científicos, sino que la sociedad estaba preparada para que el darwinismo fuera incorporado a la cultura de forma generalizada y sin traumas. Los hechos, como los temores del propio Darwin, lo desmienten. Ciertamente, Thomas Henry Huxley (1825-

1895) en Inglaterra y Ernst Heinrich Haeckel (1834-1919) en Alemania harán, además de aportaciones valiosas a la teoría, un enorme y eficaz esfuerzo para explicarla y difundirla. Y, en ambientes científicos, el darwinismo se impuso rápidamente (Zimmer 2003), perdiendo cada vez más fuerza los argumentos que sus detractores (Grassé 1966, p. 12) hasta convertirse en un paradigma biológico aún vigente hoy (Wilson 1991, p. 299). Pero no sólo en biología. El darwinismo fue recibido con entusiasmo en los círculos que ya estaban impregnados de las ideas positivistas o eran receptivos a ellas. Hubo una enorme expansión y una rápida influencia de intuiciones genéricas más o menos evolucionistas y un cierto «biologismo» (Mocek 1999, Puig-Samper 1991) impregnó amplios sectores de la cultura[26]. Se convirtió así pronto en uno de los rasgos de moda en círculos científicos y filosóficos, hasta convertirse a veces, trascendiendo los márgenes de la biología, en una concepción del mundo (Fouillé 1896).

Sin embargo, el darwinismo no era en tiempos de Darwin, ni es hoy, de fácil asimilación cultural. Más arriba he sostenido que la idea evolucionista, sobre todo explicada por causas naturales, era culturalmente poco probable. La reacción ante la aparición de la teoría lo confirma generosamente. Pese al talante poco polémico de Darwin y a sus esfuerzos por neutralizar, o rebajar al menos, las implicaciones más subversivas de su teoría, ésta fue culturalmente percibida como subversiva. Y lo era. Lo cual no exculpa a quienes corresponda de que Darwin tuviera que confesar con amargura a su amigo Lyell en 1860 lo «penoso que es que lo odien a uno con la intensidad que me odian a mí» (AB, p. 346). Pero sí explica hasta qué punto se consideraban corrosivas sus ideas. Todavía en 1879 advierte una crítica aparecida en el *Quarterly Review* que *El origen de las especies* «desafía innecesariamente los principios de la filosofía y de la religión» (AB, p. 400). A esta airada reacción no le faltaban razones, pues como dice gráficamente Dennett (1999, p. 93), la idea de Darwin se comporta como un «ácido universal que corroe prácticamente todos los conceptos tradicionales y deja como resultado una visión revolucionaria del mundo, con la mayoría de sus hitos todavía reconocibles pero transformados sustancialmente».

Esa es probablemente la causa de que aún hoy –el diagnóstico de Dennett no se refiere a la percepción del darwinismo durante el siglo XIX, sino a la recepción actual–, siglo y medio después de la aparición de *El origen de las especies,* y pese a que las ciencias biológicas han copado el viento antes favorable a la física, el darwinismo no forma parte de los componentes nucleares de la imagen del mundo socialmente más generalizada en la cultura contemporánea. Sirva de ejemplo que sólo el 15 por 100 de la población norteamericana piensa que el darwinismo sea la mejor explicación disponible de la aparición del hombre[27]. Y es que nadie se sustrae a la

---

[26] Sobre la historia del darwinismo tras Darwin, tanto en biología como en el ámbito de las ideas filosóficas y sociológicas, véase el enciclopédico material publicado por P. Tort (1996).

[27] Datos recogidos por el *Roper Center, University of Connecticut Public Opinion*, sobre informes de los años 1997-2000.

sospecha de que esta teoría amenaza con subvertir aspectos centrales de la general concepción del mundo y, en especial, de la autocomprensión humana.

La recepción cultural del evolucionismo durante los últimos 150 años puede resumirse aún con estas palabras tomadas de la reseña hecha en la *Edinburgh Review* tras la aparición de la obra (*Descent of Man*, 1871) en la que Darwin explica el origen y condición del ser humano desde un punto de vista biológico: «En todas partes está levantando una tempestad de ira, asombro y admiración mezclados» (AB, p. 394). Para ambas reacciones, el desconcierto indignado y la admiración, había buenas razones. Aunque no son siempre separables, analizaré primero las razones del desconcierto.

La teoría darwinista contiene muchos rasgos que dificultan su integración cultural, y no sólo fuera de los nichos científicos. Algunos de esos rasgos dependen de la propia complejidad que la teoría esconde bajo la superficie de la simplificación divulgada (mutación más selección); simplificación que sugiere algo así como que de un huevo de saurio salió un buen día una cría con plumas y echó a volar, o que una simia parió un *homo sapiens sapiens* que, asombrado ante la incultura de sus ancestros, inventó el fuego y se puso a pintar su percepción del mundo en las paredes de las cuevas para asombro de sus descendientes. Otros rasgos dependen de la violencia conceptual que la teoría infringe a múltiples ideas establecidas. Éstas son ideas ancladas en niveles profundos de la conciencia humana y del lenguaje, probablemente incluso connaturales a la forma en que todos los humanos tendemos espontáneamente a concebir el mundo. Además, tales ideas, tan de sentido común, habían sido sancionadas y fortalecidas por las religiones dominantes y por no pocos de los sistemas filosóficos más influyentes en la tradición. Avanzo un resumen que intentaré explayar después en algunos aspectos.

Hay en primer lugar ideas concretas que dan perfil a la concepción del mundo. De este tipo son: el convencimiento de la *estabilidad temporal* de las especies o la *absoluta singularidad de ciertos rasgos de la condición humana*, manifestada en lo que los antiguos denominaron ya *alma racional*, distinta de otros aspectos que como los instintos compartiríamos con los animales. Ambas ideas hacen plausible algún tipo de *creacionismo*, es decir, de una instancia capaz del designio responsable de esos hechos. También favorecen la certeza de que *la naturaleza y la cultura* no sólo se pueden distinguir en función de sus respectivas producciones sino que *son independientes* por razón de su *origen*. Estas son, pese a su enorme peso cultural, ideas concretas, subsidiarias de actitudes cognitivas o de otras ideas, más abstractas y más básicas. Tales como:

- La sana *confianza en la experiencia corriente o la «repugnancia natural»* (Darwin) *a admitir hechos nunca avalados por ella.*

La existencia de un fósil no prueba nada; es compatible (recuérdese la posición de Couvier) con múltiples explicaciones diferentes entre sí. El testimonio de los sentidos a favor de que las especies son inmutables es por lo menos tan fuerte como el testimonio a favor de que el Sol gira en torno a la Tierra. Constantemente comprobamos que los individuos nacen, mueren y se transforman mientras que permanece inmutable la especie de la que provienen; no hay experiencia alguna de que los descendientes no pertenezcan siempre a la especie de sus progenitores. De ahí la repugnancia natural a admitir que las especies muten. Tampoco la experiencia ofrece el menor atisbo de que objetos de tan acabado diseño como el ala de un ave surjan, como ya argumentaba Aristóteles contra Demócrito, por combinaciones azarosas de la materia; esas cosas no ocurren en el mundo en el que nos movemos (fuera de la ciencia). El darwinismo, como todas las teorías científicas, exhibe a la vez un descarado desprecio ante los abrumadores datos la experiencia corriente y una extraña confianza en complejas argumentaciones, cuyas conclusiones no son compatibles con los datos observables y acaban abusando del sentido común vigente. Para colmo, la teoría pretende reconstruir un relato científico sobre hechos anteriores a la existencia humana, esto es, contar, como los mitos, una historia de la que los humanos jamás pudieron ser testigos. En nuestro mundo, en el mundo que nos es «dado», no ocurren las cosas que el darwinismo narra.

- La *primacía del plan racional o diseño* sobre los hechos y las cosas que exhiben diseño.

Equivale a decir que *la existencia de diseño presupone designio.* La estabilidad de las especies frente a sus individuos no es sino la plasmación de que primero es el plan, el designio; después las cosas concretas, estructuradas de acuerdo con él. ¿Tiene algún viso de racionalidad suponer que hechos naturales, sin intervención racional alguna, construyan mundos poblados de exquisito diseño? *El desorden no absorbe por sí sólo racionalidad,* sino que es el estado previsible de las cosas mientras no intervenga una instancia ordenadora. Explicar por tanto el orden desde el desorden o un orden menos perfecto, esto es, la existencia de cosas como el ojo de un mamífero mediante causas naturales «no deliberadas» (Darwin), es simplemente absurdo. No lo confirma la experiencia y (sin duda por ello) repugna al sentido común. Además, algunos axiomas de la filosofía tradicional refuerzan la racionalidad de este rechazo. Tal es la versión del principio de causalidad según la cual la causa ha de ser igual o mayor a sus efectos. Descartes, por ejemplo, hace esta aplicación: «*nec [posse fieri] id quod magis perfectum est ab eo quod minus*» (no puede ser generado lo que es más perfecto a partir de lo que es menos perfecto)[28]. Y, por supuesto, ser racional es una forma más ordenada y perfecta de ser que ser irracional o simplemente no-racional.

- *La razón explica los hechos del mundo, no a la inversa.*

---

[28] R. Descartes, *Meditaciones* [1641], «Tercera Meditación», ed. Ch. Adam/P. Tannery (AT), *Oeuvres de R. Descartes*, París, 1897-1910, AT VII, 40. 26-41.1.

Muchos filósofos han advertido que «razón» y «causa» no significan siempre lo mismo, de suerte que aunque explicamos los hechos del mundo mediante la razón, esto no contradiría la posibilidad de que los hechos del mundo sean causa de la capacidad racional humana. Pero los razonamientos insertos en complejas teorías no bastan para evitar percibir, como una palmaria insensatez, la pretensión de explicar el mundo de la razón a través de procesos del mundo natural. En su contra está también la versión citada del principio de causalidad y el supuesto de que lo racional es más perfecto que lo no racional. Si no podemos explicar la existencia de un reloj sin la de un relojero, mucho más absurdo sería aplicar esas abstrusas explicaciones darwinistas a cosas como la capacidad lingüística y la inteligencia humanas, lo que es inevitable si no se excluye a los humanos de la evolución natural. Esto además, tendría consecuencias nefastas para organizar el mundo cultural de las normas:

- *El convencimiento de que negar la primacía real de la razón sobre la realidad en su conjunto mina las bases para la autonomía de los mundos simbólicos, especialmente la de los valores morales.*

Si, por ejemplo, el sentimiento moral también forma en origen parte de la historia natural, ¿cómo fundamentar los valores morales al margen de los mecanismos de esa historia natural? El argumento que subyace: *es irresponsable aceptar una teoría cuyas consecuencias serían incompatibles con valores inderogables para la organización racional de la sociedad.*

Estas son algunas de las ideas y actitudes concernidas por el darwinismo[29]. He subrayado que el darwinismo no hubiera sido posible sin las sinergias de ciencias como la morfología comparada, la paleogeografía o teorías populacionales, esto es, sin la coherencia externa con estas y otras ciencias naturales. Pero el entorno cultural no se agota con ellas. Uno de los argumentos en su contra era justamente que una teoría que *puede* tener consecuencias tan poco coherentes con ideas básicas del entorno cultural, las tenga de hecho o no, *debe* ser falsa. Y este argumento evoca de forma abstracta todas las ideas recibidas que la teoría de Darwin subvierte o se teme que subvierta. La citada primacía del plan racional o del diseño sobre las existencias concretas puede servirnos de ejemplo.

Ya hemos visto la importancia que, desde la Antigüedad, tiene para la explicación del origen de las especies la posición que se adopte sobre las nociones de caos y de orden. Sin duda, es un supuesto muy connatural a nuestra actitud cognitiva no alterada por artificios científicos creer que el orden no puede surgir sin intervención de

---

[29] No he pretendido exhaustividad. Un listado en parte equivalente ofrece W. Russell (1990 [1946], pp. 691 ss.). Detenidos análisis sobre las implicaciones conceptuales del darwinismo en Mayr 1970, 1988; Sober 1984, 1994, 1996; Kohn 1985; Kogerler 1987; Gould 1983, 1991; Dawkings 1993; Ruse 1979, 1983, 1995; Dennett 1999; Weber 2002; Castrodeza 1999 y 2003.

una instancia racional, mientras que sí puede desaparecer sin su intervención. Lovejoy (1993, cap. XI) ha mostrado cómo una de las mayores dificultades filosóficas para admitir la mutabilidad de las especies era el «hábito natural del pensamiento» a dar por bueno que lo más perfecto u ordenado pudiera surgir de lo menos perfecto, es decir, menos ordenado. La antropología comparada confirma que es una creencia generalizada en las grandes culturas pensar que las cosas pueden pasar por sí solas del orden al caos, pero no del caos al orden. «El movimiento hacia el desorden y la destrucción y el caos son, desde el punto de vista de los mitos más antiguos, previsibles y naturales, el cosmos es [de origen] divino» (Gehlen 1986, p. 105). Este dato antropológico corrobora la idea de Hume según la cual creer en la existencia de un orden es parte de «las creencias naturales», tales como «la identidad personal, o la causalidad», sin las que los humanos nos sentimos desorientados conceptualmente. Su naturalidad garantizaba el éxito de la teología natural de Paley contra el naturalismo del siglo XIX. Paley, cuya obra Darwin conocía como hemos visto casi de memoria, argumentó que si encontráramos un reloj en la naturaleza no se nos ocurriría pensar que hubiera surgido por azarosas modificaciones del entorno. Ahora bien, los ojos de los vertebrados, por ejemplo, no tienen menos diseño que el reloj más complejo. Están construidos bajo el mismo principio que los telescopios, con lentes que curvan la luz para focalizar imágenes. Esto exige lentes más redondas para curvar la luz en el agua. Y he aquí que el ojo de los peces tiene una lente más redonda que el de los animales que viven fuera del agua. «¿Puede haber una manifestación de diseño más clara?», pregunta Paley. Siguiendo sin saberlo el dictado de lo que según Hume sería un atavismo cognitivo, Paley concluye que si hay diseño tiene que haber un diseñador inteligente. El argumento es antiquísimo.

Cicerón dio en el *De natura deorum* (II, 37) con una formulación que habría de tener gran éxito. Sería tan absurdo pensar que el mundo ordenado que conocemos pueda ser producto del movimiento espontáneo de los átomos como esperar que lanzando al aire un número infinito de letras de oro se conformaran los *Annales* de Ennio. «Dudo que el azar pudiera construir un solo verso». Pero la ciencia es irrespetuosa con las certezas. Confrontado con ésta, Denis Diderot (1713-1784) sostiene que, si fuera creyente, «evitaría cuidadosamente» hacer ese razonamiento ante un ateo, pues le daría demasiada ventaja, ya que, «si algo debiera repugnar a la razón es el supuesto de que, habiendo cambiado la materia desde toda la eternidad y habiendo quizá en la suma infinita de combinaciones posibles un número infinito de combinaciones admirables, ninguna de éstas se diera en la multitud infinita que sucesivamente aconteciera. Por esta razón el espíritu debería asombrarse más de la duración hipotética del caos que del nacimiento real del universo [ordenado]»[30]. Diderot apela al cálculo de probabilidades para concluir: «Sea cual fuere la suma finita de caracteres con la cual me

[30] D. Diderot, *Pensées Philosophiques*, XXI (aparecidos en 1746 sin el nombre del autor), en *OEuvres Complètes*, ed. J. Valoot, vol. II, París, pp. 1975.

propusieran generar la *Ilíada*, hay una determinada suma finita de caracteres que haría que la propuesta fuera en ventaja mía. Mi ventaja sería incluso infinita si la cantidad de lanzamientos acordados fuera infinita» (*ibid.*).

Es claro que el instrumental teórico de este argumento de Diderot *no* forma parte de nuestra manera intuitiva o espontánea de relacionar mentalmente los hechos. Y no menos claro es que ha de ser en extremo difícil la integración cultural de teorías que implican abandonar la tan natural tendencia a considerar que el desorden pueda absorber por sí sólo racionalidad.

Esta natural creencia tiene especificaciones múltiples, que van de las biológicas y físicas hasta las más metafísicas y genéricas. Diderot la refutó con argumentos matemáticos. Darwin lo hizo con una teoría compleja que unifica, implícitamente, el argumento de Diderot y hechos biológicos: elevado número de variaciones en tiempo geológico más el mecanismo de selección natural. La explicación de la evolución de las especies por selección natural exige aceptar que pueda surgir un reloj sin mediar relojero (Dawkings 1993).

Quienes pudieran convencerse de la argumentación darwinista tenían razones para admirarla y para contemplar la naturaleza con tanta más admiración. El resto había de percibir la teoría como lastrada de una concepción del mundo antinatural y, desde luego, culturalmente incorrecta. Tanto que Darwin, aun después de haber publicado su teoría, intenta durante un tiempo hacerla compatible con el creacionismo (Gillespie 1979). Su posición venía a resumirse en que sus ideas «no son *necesariamente* ateas». Para mostrarlo se acoge a la ya mencionada teoría de la causas primeras y segundas, esto es a la distinción entre creación directa e indirecta, de suerte que las leyes naturales podrían ser interpretadas como instrumentos previstos por el plan creador (AB, pp. 276, 351).

Es no obstante innegable (a) que su teoría contenía *una alternativa lógica* al creacionismo[31] y (b) que esta alternativa lógica es percibida por el entorno como real y por tanto como una amenaza para la certeza culturalmente dominante de que el diseño existente en el mundo es inexplicable sin designio previo. Tan dominante es esta certeza, pero ya tan débil, que Darwin se encuentra todavía en 1860 en estado de perplejidad respecto a cómo compatibilizar sus conocimientos biológicos con las creencias religiosas:

> Respecto del punto de vista teológico de la cuestión, siempre es difícil para mí. Estoy aturdido. No tenía la intención de escribir como un ateo. Pero reconozco que no veo tan claras como otros, y como a mí me gustaría, las pruebas de providencia y beneficencia

[31] St. Gould (1987) ha defendido que evolucionismo y religión no pueden estar en contradicción, porque se ocupan de cuestiones completamente diferentes. D. Dennett (1999, pp. 510-513) critica severamente esta posición con argumentos en parte coincidentes con los que sostengo aquí. Según Dennett (*ibid.*, p. 511), Gould trata de minimizar el alcance de la biología con la intención de levantar «un cordón sanitario entre ella y la religión». Cfr. también Pelayo (2001).

a nuestro alrededor. [...] No puedo convencerme de que un Dios bondadoso y omnipotente creara deliberadamente [...] un gato con la expresa intención de que tenga que divertirse jugando con los ratones. Y puesto que no creo esto, no veo que haya necesidad de creer que el ojo [alusión al argumento de Paley] fuera expresamente diseñado. Por otra parte, no puedo de ningún modo conformarme con examinar este maravilloso universo, y especialmente la naturaleza humana, y concluir que todo es el resultado de la fuerza bruta. Me inclino a considerar todas las cosas como resultado de *leyes deliberadas* en las que se deja que los detalles, buenos o malos, los determine lo que podríamos llamar azar. Estoy convencido de que la totalidad de la cuestión es demasiado profunda para la inteligencia humana. Lo mismo podría un perro especular sobre el pensamiento de Newton. [...] Mis opiniones no son necesariamente ateas. (Pero) no veo ninguna razón por la que un hombre [...] no pueda haber sido originalmente producto de otras leyes, ni por la que todas esas leyes tengan que haber sido expresamente determinadas por un Creador omnisciente. Pero cuanto más reflexiono, más perplejo estoy. (AB, pp. 350-351)

Vemos que el diseño del ojo sería para Darwin explicable sin diseñador previo, por lo que también el resto del universo podría explicarse por causas análogas. Pero no se atreve a dar este paso. Aun después de haber publicado su teoría, sigue experimentando los escrúpulos ancestrales a admitir que el diseño del universo no remita a un legislador que actúa deliberadamente. Por eso añade, a la distinción entre causa primera y causas segundas, la vieja teoría de los límites naturales del conocimiento, hoy utilizada bajo la pedante etiqueta «cierre cognitivo» (Dennett 1999, pp. 629 ss.).

Pese a todo, no se le escapa que si el diseño puede ser explicado por selección natural, el creacionismo, aun siendo lógicamente compatible con esa explicación, no promueve precisamente la actitud cognitiva que facilitara aceptarla. En una carta a Huxley del mismo año 1860 (AB, p. 360), en un pasaje que encontrarán delicioso quienes comparten la teoría de Kuhn sobre la evolución de las ideas científicas[32], confiesa Darwin que «son terribles las dificultades de [aceptación de] mi teoría», por lo que «si alguna vez se adopta ampliamente será cuando los jóvenes se formen y sustituyen a los viejos en el trabajo». Pero precisa que esto no bastará sin que los jóvenes científicos «descubran que pueden relacionar mejor los hechos y emprender nuevas líneas de investigación más adecuadas partiendo de la idea de la evolución que si parten de la creación».

En suma, la fricción entre creacionismo y evolucionismo biológico no se debe sólo a que el primero no aporte una explicación biológica de los hechos evoluti-

[32] En *The Structure of Scientific Revolutions*, Chicago, University of Chicago Press, 1962, uno de los libros más influyentes en la teoría de la ciencia de la segunda mitad del siglo XX, Kuhn sostiene que en las revoluciones científicas se sustituye un viejo modelo («paradigma») de explicación por otro, pero que el cambio no se impone por la fuerza de la razón. El nuevo paradigma no se aceptaría de forma generalizada sino tras la muerte de los portadores del viejo y la ocupación de los puestos de decisión científica por los defensores del nuevo.

vos. Radica también en que hace superfluo y engorroso el hecho mismo de la evolución para explicar el origen de las especies. Con lo cual se pone de nuevo de manifiesto que el creacionismo y la selección natural, especialmente en el siglo XIX, son dos alternativas concurrentes (y con frecuencia culturalmente excluyentes) para explicar un mismo problema, la existencia de diseño en la naturaleza. Darwin consigue explicarlo por leyes naturales, no necesariamente «deliberadas».

Una explicación así no sólo modifica las creencias heredadas acerca de un rasgo del mundo, concerniente en este caso a la existencia de especies diversas, su historia y su relación mutuas. No sólo innova ampliando o alterando esas creencias. También innova modificando nudos de significación en torno a los que se organizan ancestrales formas de pensar. La innovación gravita aquí en torno a la noción de diseño, que sin duda ocupa un lugar muy destacado en la esquematización mental que los humanos hacemos del mundo.

La noción de diseño no tiene ya en la teoría darwinista el significado culturalmente heredado. El darwinismo causa en ella una típica mutación semántica o, si se prefiere la imagen tectónica, una fisura en la placa semántica en la que se hallaban mezcladas las nociones de *diseño* y *designio*. Esta mezcla se veía reforzada por la argamasa de otros materiales semánticos homólogos o sinónimos, tales como *orden*, *sabiduría* y *racionalidad de la naturaleza*, *predestinación*, *plan creador*, etc. Aún hoy es difícil utilizar alguna de estas expresiones sin evocar el significado ligado a las otras. Tras la fisura darwinista, la noción de diseño se separa de estas nociones y se une a otras, tales como *mutación progresiva*, *selección*, *adaptación*, *variación*, *herencia*.

Uno de los conceptos a los que esta modificación afecta de forma más clara y directa es justamente el de *especie* (Mayr 1970 y 1988). El propio Darwin es consciente de esta mutación cuando constata que la noción de especie que subyace a su teoría ya no va ligada a la clásica noción de «especie verdadera», sino a «los términos *afinidad*, *parentesco*, *comunidad tipo*, *caracteres de adaptación*, *órganos atrofiados*, etc.» (OE, pp. 568-569). Sostiene además que mediante cambios de este tipo tomará cuerpo la «revolución de la historia natural» (p. 568) que podría ocasionar su teoría de ser aceptada. Lo revolucionario de estos cambios estriba en que mediante ellos la noción de especie, que es el nombre del diseño que agrupa a los individuos que lo comparten, se desliga de la de designio. Pues la teoría se desprende del supuesto de que las especies sean entidades o arquetipos atemporales cuya verdadera y eterna esencia determine la constitución específica de sus individuos. Darwin, por el contrario, introduce una noción de especie según la cual las especies son producto de la historia evolutiva de los individuos. Es una forma de invertir las jerarquías del mundo platónico sin aspavientos metafísicos.

Su teoría exige, por esa inversión, una forma de pensar que hace violencia al esquema conceptual inherente a la noción tradicional de especie. Este esquema es tan evidente para la experiencia y tan profundamente arraigado en el lenguaje y en nuestras creencias como útil para nuestra organización conceptual del mun-

sólido contra la existencia de una primera causa inteligente». Explica primero cómo el dolor tiene un sentido, es decir, una función biológica muy valiosa como mecanismo de alerta. Pero, entonces, si este mecanismo fuera resultado de un plan racional, los hechos biológicos no dicen mucho a favor de su diseñador. Pues si un «Dios bondadoso» hubiera creado el mundo, los gatos podrían aprender a cazar sin necesidad de divertirse maltratando ratones. Acaso se arguya que el ratón no puede obtener beneficio moral del sufrimiento, a diferencia de los seres humanos. Pero el biólogo ve el mundo desde un punto de vista moral en el que el *humanista* predarwinista difícilmente podía haberse situado. Desde su punto de vista el ser humano no ocupa un lugar privilegiado, sino, por ello, más solidario. La existencia del dolor es biológicamente explicable, lo cual no impide que hiera nuestra sensibilidad y que fomente sentimientos de solidaridad. Pero su justificación en nombre de nuestro perfeccionamiento moral exhibiría un egoísmo obsceno:

> Nadie discute que haya mucho sufrimiento en el mundo. Algunos han tratado de explicarlo imaginando que ello sirve para su perfeccionamiento moral. Pero la cantidad de seres humanos que hay en el mundo no es nada en comparación con la de los demás seres sensibles, y estos sufren a menudo muchísimo, y sin ningún perfeccionamiento moral. (AB, p. 114)

La valoración moral del sufrimiento de *todos* los seres vivos parece ser un efecto colateral, nada despreciable, de su detallado conocimiento. Tal vez la mera ausencia de ese conocimiento explique la extrañeza cultural ante la propuesta de hacer de los animales sujetos de derechos morales aún siglo y medio después. Vemos que Darwin llega a esa conclusión con toda naturalidad. Pues no hay bajo el darwinismo razón para pensar que las humildes leyes que explican la aparición de gusanos, insectos, reptiles, aves o mamíferos se detuvieran ante el ser humano. Su estudio desde un punto de vista biológico (*Descent of Man* 1871; *The Expression of the Emotions in Man and Animals*, 1872) hace de él un mamífero más, con abrumadoras semejanzas anatómicas, fisiológicas, embriológicas, epidemiológicas, etológicas con los primates superiores. La faz de este mamífero perdía a sus propios ojos los rasgos «humanos» que le habían permitido reconocerla como *imago Dei*. Ciertamente, con argumentos biológicos se puede discutir que la admisión de esa conclusión obligue a mantener el igualitarismo radical entre todas las especies. Pero el mero hecho de negar, como hace Darwin, la exclusividad «humana» del sufrimiento que deba ser tenido moralmente en cuenta implica un alto grado de solidaridad con el resto de las especies. Este solo rasgo de la actitud darwiniana ante la naturaleza debería advertir sobre la inconsistencia tanto de ciertas extrapolaciones punto por punto de la biología evolutiva a teorías normativas sociales como de prejuicios anticontaminantes, dominados por la idea de que el darwinismo, tan pronto como sale del coto biológico, conduce de forma inevitable a una fría e insolidaria (supuestamente «darwinista») visión del mundo en la que siempre estaría justificada la «supervivencia del más fuerte» y, a la postre, la depuración racista.

Paradójicamente, el sentimiento «humanista» que se resiste a admitir el argumento darwiniano en contra de la supremacía moral del sufrimiento humano hace subrepticiamente uso de ese lema. La superioridad humana justificaría su derecho a la supervivencia incluso a costa de los seres «inferiores» y, cuando convenga, sea por exigencias naturales o culturales, a costa de su sufrimiento. Apelar a la superioridad moral para olvidar o justificar el sufrimiento de otros seres es sólo una forma encubierta de invocar la supremacía de la raza humana. Es una forma de racismo cultural desde cuyo interés resulta muy coherente no establecer puentes cognitivos entre la biología y la cultura. Estos puentes podrían acarrear contagios que acabaran por dañar la superioridad de la condición humana manifestada en la cultura y ratificada expresamente por ella[34]. Es por eso explicable que la antropología cultural del siglo XX estuviera en gran medida condicionada por la reacción ante los peligros socioculturales del darwinismo[35], y que esta reacción, plasmada en el lema *omnis cultura ex cultura*, creyera útil preservar a las ciencias humanas del contacto con las ciencias «naturales» para salvar los valores «humanos». Si la naturaleza pudiera tener interés en proteger con la ignorancia su impronta sobre la cultura y evitar así que ésta se libere de ella, ese lema sería su mejor aliado.

La suerte y el tiempo. Recapitulación

Es un lugar común que desde inicios de la Edad Moderna ha habido tres grandes conmociones de la imagen del mundo y que una de ellas es, junto a las de Copérnico y Freud, la ocasionada por las ideas de Darwin (Hemleben 2000, 7). En lo que precede he sugerido que la revolución darwinista es probablemente la más radical por haber concernido no sólo a ciertas ideas y creencias tradicionales acerca de qué es el mundo, sino también a esquemas de conceptualización que condicionaban la forma de pensar el mundo. Desde luego, la revolución conceptual desencadenada por el darwinismo es la única que aún se halla en plena expansión,

---

[34] Sobre la incidencia del darwinismo en la concepción predarwinista de la naturaleza humana en función de sus rasgos cognitivos J. Pacho: «Naturalización de la epistemología e imagen darwinista del mundo», *Diálogo Filosófico* 57 (2003), pp. 401-430. Más descriptivo K. Lorenz, *La otra cara del espejo. Ensayo para una historia natural del saber*, Barcelona, Plaza y Janès, 1974. Un atrevido intento de reconstrucción de la historia evolutiva de la mente humana en St. Mithen, *The Prehistory of the Mind*, Londres, Phenix, 1996.

[35] Cfr. los trabajos de D. E. Brown y R. Sandall citados en n. 14.

por lo que todavía no es previsible todo su alcance[36]. Me he limitado a explicitar sólo algunos aspectos básicos de su potencial revolucionario, inherentes ya al *corpus* de la teoría de Darwin.

He defendido que esa teoría, que sostiene que las especies actuales son producto de modificaciones sufridas por otras ya desaparecidas y que explica esto por la combinación de causas como herencia con mutaciones y selección natural, era culturalmente improbable. Al respecto he aducido algunos argumentos relativos a inercias conceptuales en la codificación mental del mundo. La principal de éstas sería la repugnancia natural a admitir que el orden o el diseño que exhiben los organismos vivos se deba a causas meramente naturales, esto es, a leyes no deliberadas.

Pero creo oportuno subrayar ahora que esta teoría resulta tanto más improbable y, en consecuencia, un éxito tanto más asombroso de la cultura humana si la historia que narra es verdadera.

Esta teoría narra una historia del mundo de la que, de ser verdadero su relato, los humanos no hemos podido tener experiencia alguna. Esto implica que para formular ese relato no hemos podido contar con la ayuda, directa o indirecta, de un diseñador originario que hubiera previsto una mente capaz de hacerlo[37]. Es sorprendente que los humanos podamos conocer el mundo, especialmente en la forma en la que hemos llegado a hacerlo en los últimos 500 años. Pero el conocimiento humano es mucho más sorprendente aun si tenemos en cuenta que nuestra capacidad cognitiva no ha surgido por leyes distintas de las que «operan a nuestro alrededor» (OE, p. 572) en la naturaleza. Que los humanos podamos conocer el mundo es mucho más admirable si la teoría evolucionista es verdadera que si lo fuera el creacionismo, la alternativa cultural más influyente. La *evolución* es un logro asombroso de la naturaleza, y tanto más asombroso cuanto más verdadera sea su explicación darwinista. La *teoría* darwinista de la evolución es, por la misma razón, un logro tanto más asombroso de la cultura.

El darwinismo aporta solución a uno de problemas más ancestrales e inevitables: el origen de las especies que pueblan la Tierra. Tal como Darwin la formuló, esta teoría aún no explica el origen de la vida. A cambio responde a la pregunta que más interesadamente podía inquietar a la mente humana: de dónde venimos. Desde un punto de vista histórico-cultural, el logro principal del darwinismo es haber aportado por primera vez una respuesta no mítica o teológica a la pregunta por el origen del ser humano. Sin duda, este hecho es el que explica la enor-

---

[36] Un compendio escolar de la repercusión cultural del darwinismo en la actualidad en Weber (2002). Más minucioso y extenso en Dennett (1999).

[37] La toma en consideración del hecho evolutivo por parte de la filosofía ha modificado sustancialmente, aunque con sorprendente retraso, aspectos básicos de la epistemología tradicional y a la postre de los presupuestos de la comprensión tradicional de la naturaleza del conocimiento humano. Una exposición sistemática en Pacho (1995). C. Castrodeza (1999) aporta una versión más descriptiva y en parte divergente.

me expectación generada por la obra de Darwin desde el día mismo de su publicación. Por primera vez en la historia de la cultura se nos narraba una historia realista del género humano; una historia extraña y cruda, pero ya no alegórica, no supeditada a claves simbólicas de tipo religioso o moral. Por primera vez la cultura ponía a su disposición abundante material documental con el que reconstruir, literalmente, el árbol genealógico de la especie.

Extraña y cruda es esta historia para la autoimagen que los humanos pudimos obtener con los medios disponibles en la cultura predarwinista. La identidad personal era en las culturas arcaicas inseparable del historial de los progenitores. El árbol genealógico de la especie narra una historia que aduce a su identidad rasgos extraños, es decir, difícilmente parecidos a los que pudimos atribuirle antes de conocer ese árbol. Y este extrañamiento perdura, pues su efecto ilustrado es inseparable de un cierto desengaño respecto de los complacientes rasgos de la imagen humana culturalmente heredada. También desde este punto de vista es admirable que la cultura llegara a producir una teoría que antepone, a tan alto coste, los intereses cognitivos a los existenciales.

Afirmar que las especies evolucionan es decir algo acerca de un rasgo del mundo, pero la forma en que la cultura explica ese rasgo mediante el darwinismo afecta profundamente a la cultura misma. Pues la obra de Darwin aporta a la evolución de la cultura instrumentos para que ésta, en contra del testimonio de los sentidos y de la inercia conceptual culturalmente consolidada durante milenios, llegara a admitir la existencia de procesos naturales por los que habría surgido la especie que propone la teoría. La magnitud de este logro se revela tanto más extraordinaria si se considera que tales procesos naturales no forman parte del tipo de objetos para los que, según la propia teoría, sería adecuado nuestro natural sistema cognitivo[38]. Gracias a esta teoría puede la cultura comprender que nuestras actitudes cognitivas naturales no estuvieran predispuestas a asumir nociones, creencias y teorías ajenas a las experiencias vividas durante la constitución filogenética de nuestro sistema cognitivo. Pues cuando apareció el *homo sapiens* su cerebro sabía cosas que el cerebro de sus ancestros había aprendido millones de años atrás. Sabía localizar el rugido de un león, calculando con precisión la procedencia y la distancia, o registrar un cambio brusco de temperatura y movilizar todos los recursos útiles disponibles en su organismo. Estaba tan bien predispuesto para resolver tareas de esta índole que las resolvía sin necesidad de construir teoría alguna. Y aún hoy no sobreviviría si no dispusiera de ese tipo de conocimiento. Pero hace sólo 150 años que ha podido conocer, a grandes rasgos, la historia de su evolución filogenética. Lo tardío de este descubrimiento es un indicio más de que el cerebro humano no ha surgido para conocer cosas como la evo-

---

[38] La relevancia epistemológica de este hecho ha sido especialmente estudiada por G. Vollmer en *Was können wir wissen, Bd. I: Die Natur der Erkenntnis,* Stuttgart, 1985, pp. 41-165.

lución de las especies. Además, por razones en las que se funden la historia natural y la cultural, no estaba predispuesto a aceptar que dicha evolución fuera posible mediante causas meramente naturales. «Un poquito de suerte, un poquito de alguna vez. Esta es la peligrosa idea de Darwin» (Dennett 1999, p. 513). Suerte y tiempo, no el designio, habrían bastado para que fueran posibles no sólo cosas como la hermosa charnela del bivalvo, sino también el *conocimiento* de su evolución y su explicación por meras causas naturales. Es comprensible que una idea así resulte peligrosa para las inercias culturales (¿o naturales?) de la historia predarwinista. Pero es aun más asombroso haberla adquirido. Lo más sorprendente de la teoría de la evolución natural es que la evolución cultural llegara a concebirla.

Bibliografía

1. Algunas siglas de obras citadas con frecuencia

CFP = *Cours de philosophie positive* (1830-1842), vols. I-VI de *Oeuvres Completes*, introducción S. Perignon, 12 vols., París 1968-1971.

DEP = COMTE, A., *Discurso sobre el espíritu positivo*, introducción, trad. y notas de E. Moya, Madrid, Biblioteca Nueva, 1999 [*Discours sur l'esprit positiv*, París, Carilian-Goeury, 1844].

AB = DARWIN, Ch. *Autobiografía y cartas escogidas*, ed. Fr. Darwin, 2 vols., Madrid, Alianza, 1984.

OE = DARWIN, Ch., *El origen de las especies*, ed. J. J. i Llorca, Madrid, Espasa Calpe, 1988 [*On the Origin of Species by Natural Selection*, Londres, John Murray, 1859].

2. Algunas Fuentes

Las obras más relevantes del positivismo y el evolucionismo del siglo XIX, así como otras obras de la época relacionadas con ambas corrientes, se señalan en el texto principal.

La obra completa de Auguste Comte: *Oeuvres Completes*, introducción S. Perignon, 12 vols., París, 1968-1971, editadas siguiendo el plan concebido por el propio Comte.

La obra completa de Charles Darwin: *The Works of Ch. Darwin*, ed. P. H. Barret, vols. 1-30, Londres 1986-1990. Además del citado OE cabe destacar:

— *Journal of Researches into the Natural History* etc., Londres, Henry Colborn, 1939 [ed. cast.: *Diario del viaje de un naturalista alrededor del mundo*, Madrid, Espasa-Calpe, 1999].

— *The Descent of Man*, Londres, John Murray, 1871 [ed. cast.: *El origen del hombre*, Madrid, EDAF, 1979].
— *More Letters of Charles Darwin*, ed. Fr. Darwin & A. C. Seward, 2 vols., Londres, 1903.
— *Charles Darwin's Notebooks*, eds. P. H. Barrett *et al.*, Cambridge, Cambridge University Press, 1987.

3. Bibliografía secundaria

ARBOUSSE-BASTIE, P., *La doctrine de l'education universelle dans la philosophie d'Auguste Comte*, 2 vols., París, PUF, 1957.
ARNAUD, P., *La sociología de Comte*, Barcelona, Península, 1971.
ARON, R., «Comte», en *Las etapas del pensamiento sociológico*, Buenos Aires, Technos, 1987, pp. 87-163.
ATENCIA, J., *Hombre y ciencia en Augusto Comte*, Málaga, Universidad de Granada, 1995.
BAUMER, Fr. L., «El siglo XIX », en *El pensamiento europeo moderno*, México, FCE, 1985, pp. 251-378.
BLÜHDORN, J. & RITTER, J. (eds.), *Positivismus im 19 Jahrhundert*, Frankfurt, Klostermann, 1971.
BOWLER, P. J., *Charles Darwin. El hombre y su influencia*, Madrid, Alianza, 1995.
BURY, J., *La idea del progreso*, Madrid, Alianza, 1971, pp. 261-280.
CASTRODEZA, C., *La teoría histórica de la evolución natural*, Madrid, Alianza, 1988.
—, *La razón biológica*, Madrid, Minerva, 1999.
—, *Los límites de la historia natural*, Madrid, Akal, 2003.
DAWKINGS, R., *El relojero ciego*, Barcelona, RBA, 1993.
DENNETT, D. C., *La peligrosa idea de Darwin*, Barcelona, Galaxia Gutenberg, 1999.
DILTHEY, W., «La disolución de la actitud metafísica», en *Introducción a las ciencias del espíritu*, Madrid, Revista de Occidente, 1966 [^{1}1883], pp. 509-584.
DUQUE, F., *La Restauración: la escuela hegeliana y sus adversarios*, Madrid, Akal, 1999.
FARRINGTON, B., *El evolucionismo. Iniciación a la teoría del origen de las especies*, Barcelona, ECP, 1967.
FOUILLÉ, A., *Le Mouvement idéaliste et la réaction contra la sciencie positive*, París, F. Alcan, 1896.
FREEMAN, R. B., *Charles Darwin. A companion*, Dawson & Sous, Folkestone, 1965.
GARCÍA-M., J.M. y FERNÁNDEZ, J.A., *Comte: el positivismo*, Madrid, Pearson, 1992.
GEHLEN, A., *Urmensch und Spätkultur*, Wiesbaden, Athenaion, 1986.
GHISELIN, M. T., *The Triumph of the Darwinian Method*, Berkeley/Los Ángeles, 1969.
GILLESPIE, N. C., *Charles Darwin and the Problem of Creation*, Chicago, University of Chicago Press, 1979.
GOULD, St. J., *Desde Darwin. Reflexiones sobre la historia natural*, Madrid, H. Blume, 1983.

34. **La Restauración. La escuela hegeliana y sus adversarios.** Félix Duque
35. **El movimiento romántico.** Christoph Jamme, Claudia Becker, Manfred Engel y Stefan Matuschek.
36. **Las épocas de Schelling.** Arturo Leyte
37. **Positivismo y darwinismo.** Julián Pacho
38. **Literatura hispanoamericana: sociedad y cultura.** Teodosio Fernández
39. **El pragmatismo.** Carlo Sini
40. **El primer socialismo. Temas, corrientes y autores.** Gian Mario Bravo
41. **Socialismo revolucionario y darwinismo social.** Reinhard Mocek
42. **Mundos posibles. El nacimiento de una nueva mentalidad científica.** Hans-Jörg Sandkühler
43. **Nihilismo estético e invención mitológica (El mundo de Wagner y Nietzsche).** Maurizio Ferraris
44. **Simbolismo y bohemia: la Francia de Baudelaire.** Enrique López Castellón
45. **Tierra en blanco. Música y pensamiento a inicios del siglo XX.** Enrica Lisciani-Petrini
46. **De Atenas a Jerusalén. Pensadores judíos de la Modernidad.** Reyes Mate
47. **Voz y disidencia.** Sergio Givone
48. **El movimiento anti-metafísico del siglo XX.** Rom Harré y José M. Sagüillo
49. **La nueva imagen del mundo: el impacto filosófico de la teoría de la relatividad.** Agustín González Ruiz
50. **Enoc. Sobre las raíces filosóficas de la poesía contemporánea.** Diego Romero de Solís
51. **Fenomenología de la historicidad. El problema de la historia en Dilthey y Husserl.** Renato Cristin
52. **El oscurecimiento de la razón: la «Belle Époque».** Franco Volpi
53. **Heidegger y su tiempo.** Felipe Martínez Marzoa
54. **El existencialismo.** Hans-Jürgen Gawoll
55. **La Escuela de Frankfurt.** Fernando Castro
56. **El giro lingüístico: hermenéutica y análisis del lenguaje.** Adriano Fabris
57. **Estructuralismo y ciencias humanas.** José Luis Pardo
58. **Diferencia y alteridad: después del estructuralismo.** Leonardo Samonà
59. **La naturaleza en el arte posmoderno.** Héctor Julio Pérez
60. **La inflexión posmoderna: los márgenes de la modernidad.** Alberto Ruiz de Samaniego García
61. **Reivindicación del centauro. Actualidad de la filosofía de la historia.** Antonio Gómez Ramos
62. **La nueva retórica.** Ángel Gabilondo
63. **Ciencia y filosofía. Ontología y objetividad científica.** Joaquín Chamorro
64. **Los límites de la historia natural. Hacia una nueva biología del conocimiento.** Carlos Castrodeza
65. **Evolución del pensamiento jurídico-político moderno.** Jorge Pérez de Tudela y Julio Pardos
66. **Panorama de la ética continental contemporánea.** Julio de Zan
67. **El pensamiento español contemporáneo.** José Luis Mora
68. **El despertar de la conciencia planetaria: ¿administración o habitación de la Tierra?** Vincenzo Vitiello